# 数控侧铣加工的几何学原理与方法

阎长罡 著

科学出版社

北京

## 内 容 简 介

数控侧铣是近年发展起来的针对直纹面的高效的加工方法。本书主要阐述数控侧铣加工的几何学原理与方法。

本书共分为8章，第1章为绪论，第2章介绍微分几何学与曲面包络方面的一些基本理论，第3章介绍直纹面叶片曲面的造型方法和造型过程。第4章到第7章提出不同的侧铣加工刀位规划的方法，其中，第4章主要应用最小二乘法，属于传统的方法；第5章利用以特征线为纽带的组合优化方法；第6章采用包括粒子群优化算法、遗传算法、蚁群算法在内的智能优化方法；第7章为代理模型方法，包括径向基函数方法和响应面法。第8章为全书的总结与展望。本书内容是根据作者的研究成果撰写的，力求让各种方法的原理直观易懂、操作简单方便并能保证足够的理论加工精度。

本书适合于机械工程专业的研究生与科研工作者阅读，也可供复杂曲面制造、数控加工等领域的工程技术人员参考。

**图书在版编目（CIP）数据**

数控侧铣加工的几何学原理与方法 / 阎长罡著. —北京：科学出版社，2016.6

ISBN 978-7-03-049150-3

Ⅰ. ①数… Ⅱ. ①阎… Ⅲ. ①数控机床-铣床-加工-几何学 Ⅳ. ①TG547

中国版本图书馆CIP数据核字（2016）第144302号

责任编辑：张 震 杨慎欣/责任校对：刘亚琦

责任印制：张 伟/封面设计：无极书装

科学出版社 出版

北京东黄城根北街16号

邮政编码：100717

http://www.sciencep.com

北京凌奇印刷有限责任公司 印刷

科学出版社发行 各地新华书店经销

*

2016年6月第 一 版 开本：720×1000 1/16

2016年6月第一次印刷 印张：10

字数：175 000

POD定价：66.00元

（如有印装质量问题，我社负责调换）

# 前　　言

非可展直纹面是工程实践中非常重要的一种曲面，在航空发动机、鼓风机中的整体叶轮等关键零件中有着较为广泛的应用。非可展直纹面类零件在数控加工中属于难度较大的一种，而且其加工的精度和表面质量对整机的性能影响很大，因此，对其加工方法的研究一直是国内外学者关注的热点。

传统的数控加工方法是采用球头刀进行点铣加工。点铣有很多优点：球形表面的法矢均通过球心，只要在被加工曲面的等距面上连续运动即可；加工时对曲面法矢量有自适应能力，刀具姿态的改变不影响刀具与被加工曲面之间的啮合关系；可以减少机床运动轴数，并且，只要使刀具半径小于曲面最小曲率半径便可避免干涉现象。可以说，这种方法靠细密的刀轨完成加工任务，理论上属于精确成形法。另外，对机床要求也不高，一般在三坐标机床上即可完成。由于该种方法编程简单、计算量少、适应性强，在工程实际有着广泛的应用。但这种点铣加工存在着效率低、加工质量差等难以克服的缺点，因而，研究非可展直纹面的多坐标加工理论和加工方法势在必行。

侧铣加工应用的是五坐标联动的加工方式，利用回转刀具的侧刃切削零件表面，属于线接触加工类型，理论上可一次成形，具有切削条件好、加工效率高等优点，可以提高零件的表面加工精度、表面质量，但是，侧铣加工通常存在着原理性加工误差，属于非精确加工方法。因此，如何进行刀位规划以生成有效的刀具路径是个非常复杂的问题，受到国内外专家学者的广泛关注。

从 20 世纪 90 年代开始，尤其是最近 10 年，国内外专家学者在侧铣加工的理论与方法等方面取得了各种各样的研究成果，可以说，目前国内外关于侧铣非可展直纹面的刀位规划的研究已取得了很大的进展，尤其在理论方面更为深入。但存在的问题也是很显然的，就是所使用的数学方法、研究手段越来越复杂深奥，不便于工程应用。迄今为止，在非可展直纹面零件的实际生产中，还没有一种公开的、行之有效的解决方法。

尽管侧铣加工的研究主要集中在非可展直纹面的加工方面，但是，针对一般的自由曲面的侧铣加工也有学者正在研究，取得了一定的研究成果。可以说，侧铣加工拥有更广阔的应用空间。

作者接触数控侧铣加工并且进行研究已经有几年时间了。2002 年，与作者同门的大连理工大学机械学院的曹利新博士偶然间向作者介绍他申请的国家自然科学基金项目的内容时，作者第一次知道了“侧铣”的概念。然后，2005 年作者阅读了同门的宫虎博士刚刚完成的学位论文《五坐标数控加工运动几何学基础及刀位规划原理与方法的研究》，论文的质量非常高，让作者进一步加深了对“侧铣”这种数控加工方式的理解，同时又有意犹未尽之感，了解到在侧铣加工方面其实还有很多工作可以进行，比如针对圆锥刀侧铣加工的研究。在 1996 年至 2000 年之间，作者师从大连理工大学机械学院资深的刘健教授攻读博士学位时，系统地学习了传统的微分几何学、啮合理论等知识，也对经典的数学规划方法进行了学习，并且将其应用到了自己的学位论文中。1999 年，作者与刘健教授一起发表了学术论文《共轭曲面的数字仿真原理》，从此，作者的研究思路从重视传统的解析方法逐渐过渡到以数值计算为主，数值、解析并重。在 2002 年后，作者跟随大连理工大学 CIMS 中心著名的刘晓冰教授从事生产调度方面的学习、科研及实际开发工作，更多地接触到组合优化方法、智能优化方法，此后，求解优化问题的思路更加开阔，可供选择的手段也更多样化。在实际的研究中，曲面问题通常较为复杂，单纯的解析方法研究起来往往非常困难，因而数值方法成为主流。另外，各类优化问题，如果掀开罩在其上的所谓计算复杂度、连续域离散域等面纱，其本质是相通的，不论是车间调度问题、布局问题还是函数求极值问题等。因此，以共轭曲面的数字仿真原理为基础，利用发展起来的各种优化方法，为侧铣加工的刀位优化问题提供原理直观易懂、操作简单方便的解决方法是可行的。

2008 年至今，作者陆续针对上述想法进行实践，其间曾获得辽宁省教育厅的资助（三元整体叶轮五坐标数控侧铣加工的刀位规划理论与方法，2008115）。本书是作者这几年研究成果的总结，书中各章相关计算程序均由作者一个人编写（C#语言）完成。同时，书中借鉴了一些已有的成果：2.3.3 小节齿条加工齿轮的示例来自于恩师刘健教授“微分几何”课程的授课内容；4.1 节参考了宫虎博士的研究方法；编写程序时涉及的通用功能模块如追赶法、高斯消去法、豪斯荷尔德变换法、梯度法等使用了已有的源代码（《C 常用算法程序集》）。

在几年的研究过程中，刘健教授、曹利新教授及大连理工大学机械学院王晓明教授给予了作者极大的指导与帮助，刘晓冰教授在优化方法的设计与应用方面给予了作者富有价值的引导与启发，作者在此表示深深的谢意。还要感谢作者所在单位大连交通大学机械学院崔云先教授、王春教授、刘宇副教授、施晓春副教授、林盛副教授、邓晓云副教授、倪承普高工、陈天旗高工、朱建宁老师等提供的帮助及研究生贾国高、张建平、刘国田、李松为本书所做的工作。实验室魏岩老师、李新峰老师、研究生韩旭及北京精雕集团大连分公司张长强与张微两位工程师在加工实验方面做了不少工作，在此表示感谢。

本书的出版得到大连交通大学机械工程学院学科建设经费的资助，在此向何卫东院长及其带领的学院领导班子表示衷心感谢。

目前，在实验加工验证和推进企业实际应用方面还有很多工作有待于完成。作者的能力与水平有限，书中粗浅、不当甚至错误之处在所难免，恳请读者不吝赐教，批评指正，作者不胜感激。

阎长罡

2016年4月

# 目　录

# 第 1 章
# 绪　　论

## 1.1 引言

复杂曲面的设计和加工一直是机械加工的热门课题。随着科技的飞速发展，产品形状结构的复杂化和精密化成为现代先进机械制造技术的一个发展趋势。为了满足动力学性能要求，很多产品往往形状结构非常复杂，例如，叶轮类具有复杂曲面的工业产品，需要应用多轴数控加工技术来进行加工。

五坐标数控机床具有三个平移的自由度及两个旋转自由度，理论上可以加工任何复杂程度的零件，对于叶轮类具有复杂曲面的产品往往需要应用五坐标数控机床进行加工。从理论上来讲，五坐标数控机床能够加工各种复杂曲面的产品，因此相对于传统的加工方法，多轴数控加工技术在制造复杂形状的产品时具有明显的优势，比如一次装卡可以加工复杂零件的多个表面，而且能够保证在一定精度的条件下具有很高的效率。

五坐标数控加工整体叶轮的工艺技术涉及计算机辅助产品的三维造型、计算机仿真模拟加工及五轴联动 CNC 技术、复杂的金属切削技术、三维曲面型面测量及定位技术，以及毛坯制造等，是当今推进设备制造业中的关键技术之一，也是当今机械加工技术中的尖端技术。五轴联动数控技术在数控技术中难度最大、应用范围最广，集计算机控制、高性能伺服驱动和精密加工技术于一体，是加工连续、平滑、复杂曲面的有效手段。国际上把五轴联动数控技术作为一个国家生产设备自动化水平的标志。由于其特殊的地位，特别是对于航空、航天、军事工业的重要影响，以及技术上的复杂性，西方工业发达国家一直把五轴数控系统作为战略物资实行出口许可证制度，对我国实行禁运。因而，研究五轴数控加工技术对国家科技力量和综合国力的提高有重要意义。

传统的数控加工方式是应用球头刀进行点接触切削。球头刀是三维立体轮廓加工特别是三坐标加工的主要刀具。球头刀加工的刀具中心轨迹是由零件轮廓沿其外法线方向偏置一个刀具半径而成，即使在五坐标加工情况下，除了内凹的暗角，球头刀均可加工。因此，球头刀对加工对象的适应能力很强，且编程与使用也较方便。但球头刀加工也存在一些不足之处，除其制造较困难外，球头切削刃上各点的切削情况不一样，越接近球头刀的底部其切削条件越差（切削速度低、容屑空间小等）。因此，在需要刀具底部切削（如型面平坦部位的加工等）的情况下，加工效率难以提高且刀具容易磨损。另外，球头刀加工时的走刀行距一般也比相同直径的其他刀具加工时小，因此效率较低。

采用球头刀进行点接触的切削，不仅加工效率低，而且加工表面的一致性差，加工后留下的表面是带有刻痕的扇贝面，这样必然需要再投入很多时间和手工作业才能加工成合格产品，其后果必然导致成本的大幅度增加。除此之外，刀具极易磨损，严重影响刀具的耐用度，结果导致成本再次增加。

与之相对，侧铣加工是利用回转刀具的侧刃切削零件表面，属于线接触加工方式，理论上可一次成形，具有切削条件好、加工效率高等优点，可以提高零件的表面加工精度、表面质量，因而受到广泛关注。数控侧铣加工应用的是五坐标联动的加工方式，但由于目前对五坐标数控加工中复杂的刀具运动和几何关系仍缺少研究，使得五坐标数控加工仍然是一个困难的课题，单就加工而言，还远未能够充分发挥五坐标联动机床的潜力。

五坐标机床刀具运动的复杂性，自然带来数控编程的困难性，因此，复杂曲面的五坐标加工技术是数控加工领域内国内外学者的研究热点之一。至今仍有一些技术有待于进一步研究，如自由曲线曲面的造型技术、高效的刀具轨迹计算方法、刀具与加工环境的干涉分析等。其中刀位规划（或称刀位优化、刀轴轨迹规划、刀具路径规划、刀具轨迹规划等，各名词着眼点有细微差别，但本质可认为相同）问题是数控加工的核心，从理论上讲，五轴联动机床侧铣的方法加工曲面（如非可展直纹曲面）通常是有误差的，称之为原理误差。刀具与工件接触的接触线越长，加工误差越大，再加上设计曲面的复杂性，使得刀位规划问题具有相当的难度，如何进行有效的刀位规划以提高加工精度和加工效率，成为迄今为止一直在研究的热门问题。

## 1.2 侧铣加工方面国内外主要文献综述

下面按大致的时间脉络就国内外侧铣加工方面的主要文献做简单的综述。

Liu [1]对利用圆柱形棒铣刀进行侧铣加工时刀具与被加工曲面的拟合关系进行了推导，发展了适用于凸自由曲面和直纹面棒铣刀侧铣的单点偏置法及适用于直纹面的双点偏置法、多点偏置法。针对圆柱形铣刀侧铣加工非可展直纹面，具体操作是在一条直母线的 0.25 和 0.75 处取两点，计算该两点处直纹面的法矢，两点分别沿着法矢偏移一个刀具半径得到新的两点，连接此两点就可以得到一个新的刀位，此方法计算简单，但误差较大。

赖天琴等[2]提出了两种加工直纹面的方法，一种是把扭曲程度较小的非可展直纹面用可展的直纹面逼近，然后再把圆柱刀轴线方向摆到直母线方向即可生成刀位；针对扭曲程度较大的直纹面，采用调整刀具角度与直纹面上两条基线相切的方法，不过这两种算法稳定性不好，加工误差很难控制。

Elber 等[3]在给定精度下利用分片直纹面逼近自由曲面的方法给出了一种适用于凸曲面和双曲形曲面的棒铣刀侧铣加工方法。

Redonnet 等[4]提出了圆柱刀侧铣直纹面的刀位优化方法，其基本思想是让刀具同两条准线和一条直母线相切来定义刀位。

陈丽萍[5]提出了将刀具轴线选在曲面上比较平坦的方向，即法曲率绝对值最小的方向。

Monies 等[6, 7]提出了沿直纹面准线的刀位优化方法，优化位置是实现圆锥刀的下母线和直纹面的直母线有一点接触，同时保证刀具面与直纹面的两个准线相切。

Wang 等[8]根据曲面的微观结构给出了一种利用圆柱棒铣刀或锥形刀对自由曲面进行侧铣加工的方法，并给出了加工带宽的计算方法。对凸曲面，刀轴方向尽量与曲面的绝对值最小的主曲率对应的主方向保持一致以获得最大的加工带宽；对凹曲面则分为非双曲曲面和双曲曲面，对这两种情况分别给定一个初始刀位，然后通过曲面到刀轴的距离判断刀具是否与曲面干涉，若存在干涉则须对刀轴进行调整。

于源等[9]用扭曲度来刻画直纹面特征，将直纹面划分为可展化曲面和非可展化曲面来分别进行处理，并给出圆柱刀加工叶轮的实例。

陈皓晖等[10]给出一种锥形球头铣刀侧铣加工非可展直纹面的整体叶轮的刀位轨迹计算方法。

Lartigue 等[11]通过刀轴轨迹面的两端准线的变形来修正刀具路径，路径的优劣依据包络面和设计曲面之间的几何误差来评价。

曹利新等[12, 13]从微分几何学的角度，探讨了在五坐标数控机床上采用圆柱形刀具线接触加工自由曲面的几何学原理，分析了刀具面与被加工曲面二阶密切的条件。通过对二次型半正定的判别，求得了刀具轴线的位置，给出了点邻域内三阶离差的计算公式，证明了圆柱形刀具与被加工曲面的密切条件等价于刀具轴线与被加工曲面的等距面的密切条件。随后，该方法用于船用螺旋桨的侧铣加工，其残留误差远比用球头刀加工的残留误差小，为三阶小量，能大大提高加工精度。

Bedi 等[14]提出了让刀具沿着两条准线滑动，同时保证刀具与两条准线在同一条参数线的两个端点处相切的刀位计算方法。

蔡永林等[15]提出一种计算数控侧铣任意扭曲直纹面叶轮刀位数据的方法，即沿直纹面母线两端点的法矢量偏置一定距离得到两个点，以这两个偏置点所在的直线作为刀轴方向，并使母线两端点到刀轴的距离为刀具半径，推导出在利用圆柱铣刀侧铣直纹面时刀具与曲面切触线的方程及加工误差的计算方法，这种加工方法使直纹面两条准线的加工误差为 0，适合于沿直纹面叶片高度方向分层加工。

Menzel 等[16]提出圆柱刀侧铣直纹面的刀位规划策略，即优化调整当刀具与直纹面两个准线和直母线相切时，生成刀位结果。

Chiou[17]提出一种五轴加工直纹面的扫掠体包络方法，根据圆锥刀具扫掠体包络面与直纹面的比较，校正刀位以减小加工误差。

宫虎[18-20]系统地研究了任意回转面刀具五坐标数控加工的运动几何学基础，从刀具面族包络原理的高度，提出了包括带状密切法和非密切条件下的近似优化法在内的局部刀位优化方法论，使对五坐标数控加工刀位规划问题的研究与认识得到进一步的深化，证明了设计曲面与刀具包络面的极差等于设计曲面的等距面与刀轴轨迹面的极差，建立刀轴面逼近等距曲面的最小二乘法数学模型，并在研究圆柱刀刀位优化的基础上，将圆锥刀的刀位优化问题转化为圆柱面与圆锥面的逼近问题。随后，通过计算刀具包络面和设计曲面沿包络面法线方向的误差，给出误差新的定义，建立优化模型求解，获得最优的整体刀具轴迹面。

吴宝海等[21]针对具有严格凸切削刃的侧铣加工刀具，提出不发生局部干涉的充要条件是切触点处刀具曲面的正向杜邦指标线位于被加工曲面的正向杜邦指标线之内，给出利用鼓锥形刀侧铣加工自由曲面时实施干涉检查的判断准则及消除干涉的修正方法。

刘鹄然等[22，23]将切触原理应用于曲面加工，对不可展直纹面，按三阶切触原理，确定当接触线不沿刀具直母线时刀具的最佳姿态和最佳接触方向，做到曲面三阶展开和三阶接触，并将该方法应用于圆柱刀侧铣加工叶轮曲面。

Chu 等[24]把设计曲面的边界曲线细分成曲线段，每一段曲线段作为可展二次 Bezier 曲面片的准线，控制该曲面片逼近设计曲面，生成无干涉的直纹面五轴侧铣刀具路径。

Senatore 等[25]认为优化的刀位应满足刀具与直纹面两准线相切，并且保持刀具与直母线一点接触。

Senatore 等[26]利用曲面等距原理，以几何误差最小为依据，研究圆柱铣刀侧铣非可展直纹面的刀位优化方法。

陈良骥等[27]提出一种适合于直纹面叶片五轴侧铣加工的刀轴矢量计算方法。从加工直纹面型整体叶轮的工艺角度入手，分别论述了粗、精加工整体叶轮时刀轴矢量和刀心轨迹的计算方法，并阐述了刀轴矢量与叶轮轮毂面求交点得到刀心点的过程和原理。

孔马斌等[28]首先利用两点偏置法确定圆柱刀初始刀位，然后通过刀轴旋转半锥角得到锥刀初始刀位，最后采用刀轴上三点优化初始刀位。

Sprott 等[29]通过在直纹面的腰曲线上建立三维正交标架，用线几何方法来描述曲面，并在此基础上导出一种偏置方法，作为圆柱刀刀位规划的基本方法。

蒋道顺[30]提出一种圆柱刀侧铣加工直纹面的侧向偏置法，即通过刀轴的侧向偏置、逐点滑动并寻优，从而寻求到曲面的平坦方向，通过平坦方向的确定来形成刀轴矢量。由此得到的刀轴矢量可使加工误差在刀具与被加工曲面切触状态下趋于最优，最终获得无干涉的刀位轨迹。

杨超英等[31]根据基本小误差侧铣加工理论提出按照最短路径算法进行侧铣刀具轨迹优化的思想，给出了考虑刀具运动平稳性的完整侧铣路径规划方案，从而可以获得加工误差平稳且误差值较小的圆锥刀具的侧铣刀轴矢量组合。

Zhu 等[32-36]通过定义一个点-曲面的有向距离函数，深入研究了刀具曲面、刀具包络面与设计曲面之间的内在联系，综合利用微分几何、函数逼近、数学规划（如半定规划、线性规划）及对偶映射等一系列数学方法与手段，建立起一套以圆柱刀、圆锥刀为代表的回转面刀具侧铣非可展直纹面的理论、模型，开发出相应算法并给出具体的实例。

陈果等[37]基于宏域曲率吻合原则充分优化刀具参数，以鼓形刀有效特征线段上一端点与加工曲面的误差偏置面重合进行初步定位，通过调整鼓形刀具上有效特征线段端点的位置及刀具在该点绕曲面表面法矢方向和走刀方向旋转的角度以避免干涉和实现刀位优化，最终获得行宽为最大的无干涉刀位。

朱利民等[38, 39]建立了由单个刀位重建刀具包络面局部三阶近似曲面的数学模型，刻画了刀具曲面、刀具包络面与设计曲面在刀触点邻域内的三阶微分关系，提出了包括圆柱刀圆锥刀在内的非球头刀宽行五轴数控加工自由曲面的刀位规划新方法，该方法通过优化刀具的前倾角和侧倾角使得在刀触点处刀具包络曲面与设计曲面达到三阶切触。

阎长罡等[40]通过两点偏置法对圆柱刀进行初始刀位的确定，进而确定圆柱刀初始轴迹面，并在此基础上，利用最小二乘优化方法使轴迹面逼近设计曲面等距面，以此来实现圆柱刀的刀位优化。

蔺小军等[41]针对回转曲面直纹面槽类零件的数控加工问题，精加工采用两点偏置法修正刀轴矢量用以减少柱刀侧铣非可展直纹面产生的原理性误差，并且提出了一种刀位点修正算法，可大大减小柱刀侧铣非可展直纹面产生的原理性误差。

田军锋等[42]针对五轴侧铣加工的刀具轨迹规划问题，提出全局和局部最优相结合的方法，该方法在刀具轨迹规划时考虑了给定容差的限制，使得直纹面侧铣刀具轨迹最优和误差可控，在全局最优化过程中，对误差过大的刀具轨迹进行局部调整，使得误差满足容差值。

蔺小军等[43]在研究两点偏置法和三点偏置法的基础上，提出一种动点滑动并寻求最优的刀轴矢量计算方法，并且采用最小二乘法对刀位轨迹进一步优化。

阎长罡等[44]研究了圆锥刀侧铣加工非可展直纹面中复杂的刀轴轨迹规划问题，提出“强制”刀具面与直纹面每瞬时线接触的思路，建立以刀轴位置为变量的刀具面与直纹面多点相切的超定方程组，并用最小二乘法求解。

随后，阎长罡等[45]利用圆锥面的性质，给出法向映射曲线的定义，即刀具轴线上诸点在设计曲面上的法向投影点的集合，将刀具包络面向设计曲面的逼近问题转化为每个刀位下法向映射曲线与特征线的最小二乘逼近问题，并给出刀具包络面尚未形成时单刀位下理想特征线的生成方法。

严涛等[46]以刀具包络面与设计曲面之间的整体误差为优化目标，建立了圆柱铣刀侧铣非可展直纹面的刀位计算方法，运用四点偏置法确定初始刀位，采用最小二乘法对初始刀位进行优化，建立刀轴矢量偏转模型进一步修正刀位以减小过切误差。

邹启晓等[47]将圆柱刀和圆锥刀侧铣非可展直纹面的理论模型归结为刀具曲面与设计曲面的最佳平方逼近问题。该方法从刀具轴线出发，以被加工曲面的刀位规划误差为纽带，得到刀具曲面上的一条映射曲线，该曲线最能表征刀具曲面与被加工曲面的贴近程度，进而提出了确定刀具位置的最小二乘逼近模型和解算方法。与此同时，一些非严格精确但却相对易于理解的智能优化算法，如蚁群算法[48]、粒子群优化算法[49]等被引入到此类问题中来，也证明了解决问题的有效性和实用性。

分析以上的研究方法及研究成果，可以从不同的视角得出以下几个特点。

（1）从着眼的加工区域看，侧铣加工方法可以分为局部刀位优化法和整体刀位优化法两种类型[18]，前者以密切（二阶甚至三阶）法为主导，控制刀具包络面与设计曲面在接触邻域内的误差以实现尽可能大的切削带宽；后者则并不拘泥于局部误差的大小，而是强调在一定的曲面加工区域内实现刀具包络面向设计曲面的最佳逼近。

（2）从研究的数控侧铣加工对象来看，非可展直纹面研究得较多，关于一般自由曲面的数控侧铣加工研究得较少。

（3）从刀具类型来看，圆柱刀研究较多，而圆锥刀研究相对较少。

（4）从研究方法的精确性来看，多数研究采用了近似的简化处理，将刀位规划问题转化成单个刀位下，刀具曲面与工件曲面之间的优化逼近问题，未能系统完整地从刀具包络面向设计曲面逼近的角度来考虑[38]。

可以说，目前国内外关于侧铣非可展直纹面的刀位规划的研究已取得了很大的进展，尤其在理论方面已获得了较为深入的研究成果。但所使用的数学方法、研究手段越来越复杂深奥，并不便于工程应用。迄今为止，在非可展直纹面零件的实际生产中，还没有一种公开的、行之有效的解决方法[43]。

## 1.3 本书的工作

如前文所述，侧铣方法可以分为局部刀位优化法和整体刀位优化法两种类型，不难发现，侧铣局部优化法仍然带有球头刀点铣加工的烙印，而从侧铣加工的工艺特点出发可知，零件表面可一次成形应该是侧铣加工方法最大的优点，因而整体法加工更能体现侧铣加工的优越性。目前，关于一般自由曲面的数控侧铣加工研究的较少，除往往曲面不能一刀成形外，很大原因在于减小原理性加工误差及避免刀具与工件干涉的高度复杂性，因此，研究多集中于直纹面的侧铣加工方面。另外，从几何学讲，圆锥面比圆柱面更具一般性，圆柱面可看作是圆锥面的特例，因而关于圆锥刀侧铣方面的研究更加复杂，也更具工程价值。

基于上述原因，本书以非可展直纹面为加工对象，以圆锥刀为主兼顾圆柱刀，对整体法加工的刀位规划问题进行较系统的研究，力求从刀具包络面向设计曲面逼近的角度，以包络误差最小化来实现各刀位的优化，为此采用了传统的和非传统的如最小二乘、实验设计、组合优化、智能优化、代理模型等多种方法和手段。

某鼓风机厂提供了一个叶轮零件的原始数据，本书将以此作为具体的研究对象，该对象几乎贯穿本书的始终。

本书的基本理论与方法不仅适用于直纹面的加工，在一定条件下（各种约束）也可以用于一般的自由曲面零件的侧铣加工。

## 参 考 文 献

[1] Liu X W. Five-axis NC cylindrical milling of sculptured surfaces. Computer-Aided Design，1995，27（12）：887-894.

[2] 赖天琴，李峰，孔德治，等. 计算机辅助加工直纹面的新方法. 西安交通大学学报，1996，30（2）：61-67.

[3] Elber G，Fish R. 5-axis freeform surface milling using piecewise ruled surface approximation. Journal of Manufacturing Science and Engineering，1997，119：383-387.

[4] Redonnet J M，Rubio W，Dessein G. Side milling of ruled surfaces：optimum positioning of the milling cutter and calculation of interference. International Journal for Advanced Manufacturing Technology，1998，（14）：459-465.

[5] 陈丽萍. 模具型腔数控加工关键技术的研究. 西安：西安交通大学博士学位论文，2000.

[6] Monies F，Redonnet J，Rubio W，et al. Improved positioning of a conical mill f-or machining ruled surfaces：application to turbine blades. Proceedings of the Institution of Mechanical Engineers，Part B：Journal of Engineering Manufacture，2000，214：625-634.

[7] Monies F，Rubio W，Redonnet J，et al. Comparative study of interference caused by different position settings of a conical milling cutter on a ruled surface. Proceedings of the Institution of Mechanical Engineers，Part B：Journal of Engineering Manufacture，2001，215：1305-1317.

[8] Wang X C，Yu Y. An approach to interference-free cutter position for five-axis free-form

surface side finishing milling. Journal of Materials Processing Technology，2002，123：191-196.

[9] 于源，赖天琴，员敏，等.基于特征的直纹面 5 轴侧铣精加工刀位计算方法. 机械工程学报，2002，38（6）：130-133.

[10] 陈皓晖，刘华明，孙春华. 发动机叶轮侧铣数控加工方法及误差计算. 机械工程学报，2003，39（7）：143-145.

[11] Lartigue C，Duc E，Affouard A. Tool path deformation in 5-axis flank milling using envelope surface. Computer-Aided Design，2003，35（4）：375-382.

[12] 曹利新，吴宏基，刘健. 基于五坐标数控圆柱形刀具线接触加工自由曲面的几何学原理. 机械工程学报，2003，39（7）：134-137.

[13] 曹利新，杨延峰，刘健. 圆柱形刀具侧铣船用螺旋桨原理与方法. 大连理工大学学报，2006，46（1）：45-49.

[14] Bedi S，Mann S，Menzel C. Flank milling with flat end milling cutters. Computer-Aided Design，2003，35（3）：293-300.

[15] 蔡永林，席光，查建中. 任意扭曲直纹面叶轮数控侧铣刀位计算与误差分析. 西安交通大学学报，2004，38（5）：517-520.

[16] Menzel C，Bedi S，Mann S. Triple tangent flank milling of ruled surfaces. Computer-Aided Design，2004，36（3）：289-296.

[17] Chiou C J. Accurate tool position for five-axis ruled surface machining by swept envelope approach. Computer-Aided Design，2004，36（10）：967-974.

[18] 宫虎. 五坐标数控加工运动几何学基础及刀位规划原理与方法的研究. 大连：大连理工大学博士学位论文，2005.

[19] Gong H，Cao L X，Liu J. Improved positioning of cylindrical cutter for flank milling ruled surfaces. Computer-Aided Design，2005，37（12）：1205-1213.

[20] Gong H，Wang N. Optimize tool paths of flank milling with generic cutters based on approximation using the tool envelope surface. Computer-Aided Design，2009，41（12）：981-989.

[21] 吴宝海，王尚锦.基于正向杜邦指标线的五坐标侧铣加工. 机械工程学报，2006，42(11)：134-137.

[22] 刘鹄然，刘全红，福文武，等. 采用圆柱铣刀的不可展直纹面数控侧铣加工. 机电工程，2006，23（7）：44-46.

[23] 刘鹄然，刘全红. 切触在侧铣加工叶轮直纹面上的应用. 浙江科技学院学报，2013，25（5）：351-356.

[24] Chu C H，Chen J T. Tool path planning for five-axis flank milling with developable surface

approximation. The International Journal of Advanced Manufacturing Technology，2006，29（7-8）：707-713.

[25] Senatore J，Monies F，Redonnet J M，et al. Improved positioning for side milling of ruled surfaces: Analysis of the rotation axis's influence on machining error. International Journal of Machine Tools and Manufacture，2007，47（6）：934-945.

[26] Senatore J，Monies F，Landon Y，et al. Optimising positioning of the axis of a milling cutter on an offset surface by geometric error minimisation. The International Journal of Advanced Manufacturing Technology，2008，37（9-10）：861-871.

[27] 陈良骥，王永章. 整体叶轮五轴侧铣数控加工方法的研究. 计算机集成制造系统，2007，13（1）：141-146.

[28] 孔马斌，胡自化，李慧，等. 整体叶轮五轴侧铣刀位优化新算法与误差分析. 计算机集成制造系统，2008，14（7）：1386-1391.

[29] Sprott K，Ravani B. Cylindrical milling of ruled surfaces. The International Journal of Advanced Manufacturing Technology，2008，38（7-8）：649-656.

[30] 蒋道顺. 直纹面叶片侧铣数控加工研究. 北京：北京交通大学硕士学位论文，2009.

[31] 杨超英，喻道远，闫娟，等. 离心叶轮直纹叶片侧铣路径规划算法研究. 中国机械工程，2009，20（12）：1455-1460.

[32] Ding Y，Zhu L M，Ding H. On a novel approach to planning cylindrical cutter location for flank milling of ruled surfaces. International Journal of Production Research，2009，47（12）：3289-3305.

[33] Zhu L M，Zheng G，Ding H，et al. Global optimization of tool path for five-axis flank milling with a conical cutter. Computer-Aided Design，2010，42（10）：903-910.

[34] 朱利民，郑刚，丁汉. 圆锥刀五轴侧铣加工刀具路径整体优化原理与方法. 机械工程学报，2010，46（23）：174-179.

[35] Zhang X M，Zhu L M，Zheng G，et al. Tool path optimisation for flank milling ruled surface based on the distance function. International Journal of Production Research，2010，48（14）：4233-4251.

[36] Zhu L M，Zhang X M，Ding H，et al. Geometry of signed point-to-surface distance function and its application to surface approximation. Journal of Computing and Information Science in Engineering，2010，10（4）：041003.

[37] 陈果，陈志同. 复杂母线鼓形刀具宽行侧铣加工算法. 航空精密制造技术，2010，46（5）：34-38.

[38] 朱利民，丁汉，熊有伦. 非球头刀宽行五轴数控加工自由曲面的三阶切触法（I）：刀具包络曲面的局部重建原理. 中国科学：技术科学，2010，40（11）：1268-1275.

[39] 朱利民，丁汉，熊有伦. 非球头刀宽行五轴数控加工自由曲面的三阶切触法（II）：刀位规划算法. 中国科学：技术科学，2010，40（12）：1460-1467.

[40] 阎长罡，张建平. 圆柱刀侧铣叶片曲面的刀位规划. 大连交通大学学报，2011，32（3）：40-43.

[41] 蔺小军，李政辉，高春，等. 回转曲面直纹面槽数控加工技术研究. 机械科学与技术，2012，31（12）：1933-1937.

[42] 田军锋，林浒，姚壮，等.基于容差限制的五轴侧铣直纹面刀具轨迹规划. 小型微型计算机系统，2013，34（9）：2211-2214.

[43] 蔺小军，樊宁静，郭研，等. 非可展直纹面侧铣刀位轨迹优化算法. 机械工程学报，2014，50（9）：136-141.

[44] 阎长罡，施晓春，邓晓云. 圆锥刀侧铣整体叶轮叶片曲面的刀轴轨迹规划. 计算机集成制造系统，2014，20（5）：1114-1120.

[45] 阎长罡，刘宇，崔云先，等. 圆锥刀侧铣非可展直纹面刀轴轨迹规划的特征线方法. 机械工程学报，2015，51（19）：206-212.

[46] 严涛，刘志兵，王西彬，等. 基于四点偏置法的非可展直纹面侧铣刀位计算. 图学学报，2015，36（6）：840-845.

[47] 邹启晓，董雷，曹利新. 非可展直纹面侧铣加工的最小二乘刀位规划方法. 计算机集成制造系统，2015.

[48] Chu C H，Lee C T，Tien K W，et al. Efficient tool path planning for 5-axis flank milling of ruled surfaces using ant colony system algorithms. International Journal of Production Research，2011，49（6）：1557-1574.

[49] Hsieh H T，Chu C H. Optimization of Tool Path Planning in 5-Axis Flank Milling of Ruled Surfaces with Improved PSO. International Journal of Precision Engineering and Manufacturing，2012，13（1）：77-84.

# 第 2 章
# 微分几何学与曲面包络的基本理论

本章主要介绍后续研究需要用到的基本工具，即微分几何学和曲面包络的基本理论。首先，介绍回转运动群与圆矢量函数这一基本工具，随后介绍回转面的概念与基本性质以及直纹面的概念和分类；其次，阐述单参数曲面族的包络原理；最后，介绍共轭曲面的数字仿真原理并给出一个简单的示例。

## 2.1　回转面与直纹面

### 2.1.1　回转运动群与圆矢量函数

#### 1. 回转运动群

矢量 $\boldsymbol{R}$ 绕单位矢量为 $\boldsymbol{\Omega}_0$ 的轴回转 $\varphi$ 角后成为矢量 $\boldsymbol{r}$，则有

$$\boldsymbol{r} = \boldsymbol{B}(\varphi)\boldsymbol{R} \tag{2.1}$$

式中，$\boldsymbol{B}(\varphi)$ 即为回转运动群，简称运动群[1]。回转运动群属于合同变换群的一种，因而满足群公理，即具有封闭性，满足结合律，并存在幺元和逆元。回转运动群方法描述了刚体的回转运动，使曲面问题的研究更加方便。

在已知正交标架{$\boldsymbol{o}$，$\boldsymbol{ijk}$}中，有回转轴 $\boldsymbol{op}$，如图 2.1 所示，则单位矢量 $\boldsymbol{\Omega}_0$ 可表示为

$$\boldsymbol{\Omega}_0 = \Omega_{01}\boldsymbol{i} + \Omega_{02}\boldsymbol{j} + \Omega_{03}\boldsymbol{k} \tag{2.2}$$

式中，$\Omega_{01}$、$\Omega_{02}$、$\Omega_{03}$ 为 $\boldsymbol{\Omega}_0$ 的坐标分量，且满足 $\sum_{i=1}^{3}\Omega_{0i}^2 = 1$。

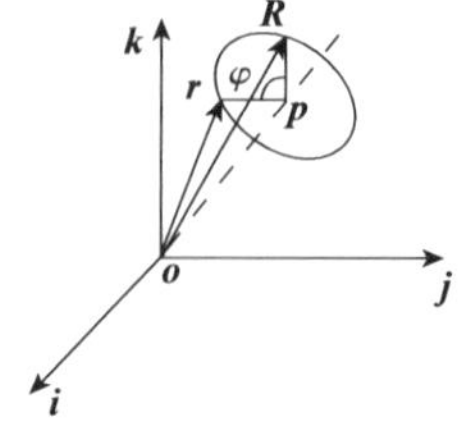


图 2.1　回转群

回转运动群具有以下基本性质：

（1）$\boldsymbol{B}(\varphi)\boldsymbol{\Omega}_0=\boldsymbol{\Omega}_0$，即回转轴上的矢量回转后仍为自身；

（2）$\boldsymbol{B}(0)=E,\ \boldsymbol{B}(0)\boldsymbol{R}=\boldsymbol{E}\boldsymbol{R}=\boldsymbol{R}$，$E$ 为恒等变换，即幺元；

（3）$\boldsymbol{B}^{-1}(\varphi)=\boldsymbol{B}(-\varphi)$，为回转群的逆元，可描述逆方向回转运动；

（4）$[\boldsymbol{B}(\varphi)\boldsymbol{a}]\cdot[\boldsymbol{B}(\varphi)\boldsymbol{b}]=\boldsymbol{a}\cdot\boldsymbol{b}$，即两矢量回转前的标量积等于回转后的标量积，特别地，$[\boldsymbol{B}(\varphi)\boldsymbol{a}]^2=\boldsymbol{a}^2$，表明回转群仅使矢量位置回转而不改变其大小；

（5）$[\boldsymbol{B}(\varphi)\boldsymbol{a}]\times[\boldsymbol{B}(\varphi)\boldsymbol{b}]=\boldsymbol{B}(\varphi)[\boldsymbol{a}\times\boldsymbol{b}]$，即两矢量回转的矢量积等于矢量积的回转；

（6）$\boldsymbol{B}(\varphi+\theta)=\boldsymbol{B}(\varphi)\cdot\boldsymbol{B}(\theta)$；

（7）$\dfrac{\mathrm{d}\boldsymbol{B}(\varphi)}{\mathrm{d}\varphi}=\boldsymbol{B}(\varphi)\boldsymbol{\lambda}$，$\dfrac{\mathrm{d}\boldsymbol{B}^{-1}(\varphi)}{\mathrm{d}\varphi}=-\boldsymbol{B}^{-1}(\varphi)\boldsymbol{\lambda}$，其中 $\boldsymbol{\lambda}$ 是一个反对称矩阵，其非零元素是 $\boldsymbol{\Omega}_0$ 的坐标分量，即

$$\boldsymbol{\lambda}=\begin{bmatrix}0 & \Omega_{03} & -\Omega_{02}\\ -\Omega_{03} & 0 & \Omega_{01}\\ \Omega_{02} & -\Omega_{01} & 0\end{bmatrix}\tag{2.3}$$

$\boldsymbol{\lambda}$ 具有重要性质：$\boldsymbol{\lambda}\boldsymbol{R}=\boldsymbol{\Omega}_0\times\boldsymbol{R}$。所以有

$$\frac{\mathrm{d}\boldsymbol{B}(\varphi)}{\mathrm{d}\varphi}\boldsymbol{R}=\boldsymbol{B}(\varphi)\boldsymbol{\lambda}\boldsymbol{R}=\boldsymbol{B}(\varphi)(\boldsymbol{\Omega}_0\times\boldsymbol{R})=\boldsymbol{\Omega}_0\times\boldsymbol{r}\tag{2.4}$$

$$\frac{\mathrm{d}\boldsymbol{B}^{-1}(\varphi)}{\mathrm{d}\varphi}\boldsymbol{R}=-\boldsymbol{B}^{-1}(\varphi)\boldsymbol{\lambda}\boldsymbol{R}=-\boldsymbol{\Omega}_0\times[\boldsymbol{B}^{-1}(\varphi)\boldsymbol{R}]\tag{2.5}$$

**2. 回转运动群的矩阵表示法**

回转运动群有多种表示方法，其中矩阵表示法应用最为广泛，下面就直角坐标系 $\{O,XYZ\}$ 中，绕 $Z$ 轴回转时回转群的矩阵表示加以描述。如图 2.2 所示，设坐标轴 $X$、$Y$、$Z$ 的单位矢量分别为 $\boldsymbol{i}$、$\boldsymbol{j}$、$\boldsymbol{k}$，已知矢量 $\boldsymbol{R}$ 绕 $Z$ 轴回转 $\varphi$ 角后成为矢量 $\boldsymbol{r}$，则 $\boldsymbol{R}$、$\boldsymbol{r}$ 的坐标分别表示为

$$\boldsymbol{R}=X\boldsymbol{i}+Y\boldsymbol{j}+Z\boldsymbol{k}\tag{2.6}$$

$$\boldsymbol{r}=x\boldsymbol{i}+y\boldsymbol{j}+z\boldsymbol{k}\tag{2.7}$$

式中，$X$、$Y$、$Z$ 为 $\boldsymbol{R}$ 的坐标分量；$x$、$y$、$z$ 为 $\boldsymbol{r}$ 的坐标分量。由转轴公式可得

$$\begin{cases} x = X\cos\varphi - Y\sin\varphi \\ y = X\sin\varphi + Y\cos\varphi \\ z = Z \end{cases} \tag{2.8}$$

写成矩阵形式有

$$\begin{bmatrix} x \\ y \\ z \end{bmatrix} = \begin{bmatrix} \cos\varphi & -\sin\varphi & 0 \\ \sin\varphi & \cos\varphi & 0 \\ 0 & 0 & 1 \end{bmatrix} \begin{bmatrix} X \\ Y \\ Z \end{bmatrix} \tag{2.9}$$

或缩写成

$$\boldsymbol{r} = \boldsymbol{B}(\varphi)\boldsymbol{R}$$

式中，$\boldsymbol{r} = [x, y, z]^{\mathrm{T}}$；$\boldsymbol{R} = [X, Y, Z]^{\mathrm{T}}$；而

$$\boldsymbol{B}(\varphi) = \begin{bmatrix} \cos\varphi & -\sin\varphi & 0 \\ \sin\varphi & \cos\varphi & 0 \\ 0 & 0 & 1 \end{bmatrix} \tag{2.10}$$

即为回转群的矩阵表示，此时回转轴的单位矢量 $\boldsymbol{\Omega}_0 = \boldsymbol{k}$，则

$$\boldsymbol{B}^{-1}(\varphi) = \boldsymbol{B}(-\varphi) = \begin{bmatrix} \cos\varphi & \sin\varphi & 0 \\ -\sin\varphi & \cos\varphi & 0 \\ 0 & 0 & 1 \end{bmatrix} \tag{2.11}$$

$$\boldsymbol{E} = \begin{bmatrix} 1 & 0 & 0 \\ 0 & 1 & 0 \\ 0 & 0 & 1 \end{bmatrix} \tag{2.12}$$

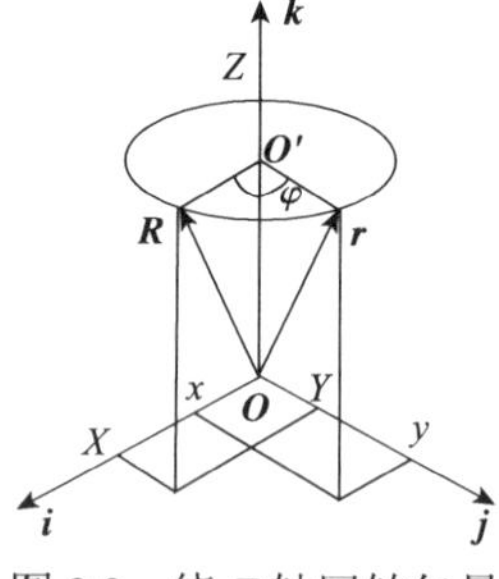

图 2.2　绕 Z 轴回转矢量

### 3. 圆矢量函数

设 $\boldsymbol{B}(\varphi)$ 表示绕 $Z$ 轴的回转群，如果将 $\boldsymbol{B}(\varphi)$ 作用于坐标轴 $X$、$Y$ 的单位矢量 $\boldsymbol{i}$、$\boldsymbol{j}$，则有

$$\boldsymbol{B}(\varphi)\boldsymbol{i}=\begin{bmatrix}\cos\varphi & -\sin\varphi & 0\\ \sin\varphi & \cos\varphi & 0\\ 0 & 0 & 1\end{bmatrix}\begin{bmatrix}1\\0\\0\end{bmatrix}=\begin{bmatrix}\cos\varphi\\ \sin\varphi\\ 0\end{bmatrix} \tag{2.13}$$

$$\boldsymbol{B}(\varphi)\boldsymbol{j}=\begin{bmatrix}\cos\varphi & -\sin\varphi & 0\\ \sin\varphi & \cos\varphi & 0\\ 0 & 0 & 1\end{bmatrix}\begin{bmatrix}0\\1\\0\end{bmatrix}=\begin{bmatrix}-\sin\varphi\\ \cos\varphi\\ 0\end{bmatrix} \tag{2.14}$$

将以上结果分别用 $\boldsymbol{e}(\varphi)$、$\boldsymbol{e}_1(\varphi)$ 表示，则有

$$\boldsymbol{e}(\varphi) = \cos\varphi\ \boldsymbol{i} + \sin\varphi\ \boldsymbol{j} \tag{2.15}$$

$$\boldsymbol{e}_1(\varphi) = -\sin\varphi\ \boldsymbol{i} + \cos\varphi\ \boldsymbol{j} \tag{2.16}$$

$\boldsymbol{e}(\varphi)$、$\boldsymbol{e}_1(\varphi)$ 称为圆矢量函数。可见，圆矢量函数在本质上与回转群是相通的，只是圆矢量函数表示的是二维平面内的回转运动。同样，圆矢量函数具有以下重要性质：

（1）$[\boldsymbol{e}(\varphi)]^2=[\boldsymbol{e}_1(\varphi)]^2=1$；

（2）$\boldsymbol{e}_1(\varphi)=\boldsymbol{e}\left(\varphi+\dfrac{\pi}{2}\right)$；

（3）$\boldsymbol{e}(\varphi)\cdot\boldsymbol{e}_1(\varphi)=0$，$\boldsymbol{e}(\phi)\times\boldsymbol{e}_1(\phi)=\boldsymbol{k}$；

（4）
$$\begin{aligned}\boldsymbol{e}(\theta+\varphi)&=\cos(\theta+\varphi)\boldsymbol{i}+\sin(\theta+\varphi)\boldsymbol{j}\\&=\cos\theta\boldsymbol{e}(\varphi)+\sin\theta\boldsymbol{e}_1(\varphi)\\&=\cos\varphi\boldsymbol{e}(\theta)+\sin\varphi\,\boldsymbol{e}_1(\theta),\end{aligned}$$
$$\begin{aligned}\boldsymbol{e}_1(\theta+\varphi)&=-\sin(\theta+\varphi)\boldsymbol{i}+\cos(\theta+\varphi)\boldsymbol{j}\\&=-\sin\theta\boldsymbol{e}(\varphi)+\cos\theta\boldsymbol{e}_1(\varphi)\\&=-\sin\varphi\,\boldsymbol{e}(\theta)+\cos\varphi\,\boldsymbol{e}_1(\theta);\end{aligned}$$

（5）$\dfrac{\mathrm{d}\boldsymbol{e}(\varphi)}{\mathrm{d}\varphi}=\boldsymbol{e}_1(\varphi)$，$\dfrac{\mathrm{d}\boldsymbol{e}_1(\varphi)}{\mathrm{d}\varphi}=-\boldsymbol{e}(\varphi)$。

### 2.1.2　回转面

假设一条曲线称为母线，则母线绕定轴回转形成的曲面称为回转面。

设母线的方程为

$$\boldsymbol{R}=\xi(u)\boldsymbol{i}+\eta(u)\boldsymbol{j}+\zeta(u)\boldsymbol{k} \tag{2.17}$$

令 $Z$ 轴为回转轴，回转角度用 $\phi$ 表示，则有

$$\boldsymbol{r} = \xi(u)\boldsymbol{e}(\phi) + \eta(u)\boldsymbol{e}_1(\phi) + \zeta(u)\boldsymbol{k} \tag{2.18}$$

写成分量形式为

$$\begin{cases} X = \xi(u)\cos\phi - \eta(u)\sin\phi \\ Y = \xi(u)\sin\phi + \eta(u)\cos\phi \\ Z = \zeta(u) \end{cases} \tag{2.19}$$

过 $Z$ 轴的平面截回转面所得曲线称为素线。素线是一种特殊的母线，母线回转可以由素线回转来代替，回转面不变但方程可以得到简化，此时回转面方程可以写成

$$\boldsymbol{r} = \xi(u)\boldsymbol{e}(\phi) + \zeta(u)\boldsymbol{k} \tag{2.20}$$

对上式求偏导有

$$\boldsymbol{r}_{\mathrm{u}} = \dot{\xi}(u)\boldsymbol{e}(\phi) + \dot{\zeta}(u)\boldsymbol{k} \tag{2.21}$$

$$\boldsymbol{r}_{\phi} = \xi(u)\boldsymbol{e}_1(\phi) \tag{2.22}$$

则其法矢量为

$$\boldsymbol{N} = \boldsymbol{r}_{\mathrm{u}} \times \boldsymbol{r}_{\phi} = \xi\dot{\xi}\boldsymbol{k} - \xi\dot{\zeta}\boldsymbol{e}(\phi) \tag{2.23}$$

单位法矢量为

$$\boldsymbol{n} = \frac{\boldsymbol{N}}{|\boldsymbol{N}|} = \frac{\dot{\xi}\boldsymbol{k} - \dot{\zeta}\boldsymbol{e}(\phi)}{\sqrt{\dot{\xi}^2 + \dot{\zeta}^2}} \tag{2.24}$$

由式（2.23）可知，当 $\xi = 0$，则 $\boldsymbol{N} = 0$，此条件为曲面上的奇点条件。

由式（2.24）可知，单位法矢量 $\boldsymbol{n}$ 为矢量 $\boldsymbol{k}$ 与矢量 $\boldsymbol{e}(\phi)$ 的线性组合，即回转面沿着素线的法线共于轴截面之中，如图 2.3 所示。换言之，回转面的法线与回转轴必定共面，该性质可以表达为

$$(\boldsymbol{k} \times \boldsymbol{r}) \cdot \boldsymbol{n} = 0 \tag{2.25}$$

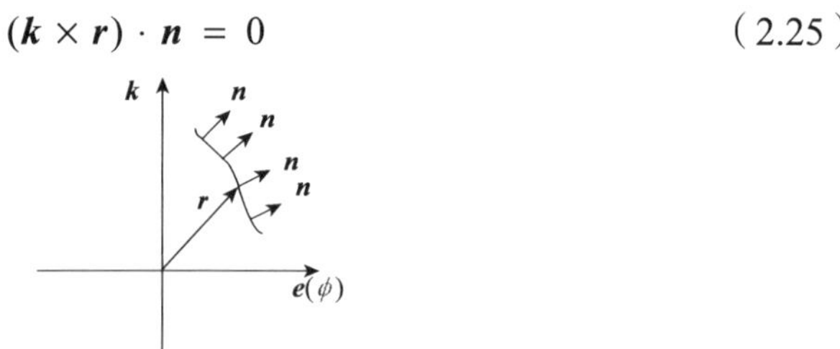


图 2.3　回转面的法线共于轴截面

### 2.1.3　直纹面

由直线的轨迹所形成的曲面称为直纹面[2]，这些直线称为直纹面的直母线。柱面、锥面、单叶双曲面、双曲抛物面、空间曲线的切线曲面等都是直纹

面。如图 2.4 所示，在直纹面上取一条曲线 $C$，$\boldsymbol{a}=\boldsymbol{a}(u)$，曲线 $C$ 与所有直母线相交，即过曲线 $C$ 上的每一点 $u=u_0$，有一直母线，曲线 $C$ 称为直纹面的导线。设 $\boldsymbol{b}$（$u$）是过导线 $C$ 上 $\boldsymbol{a}$（$u$）点的直母线上的单位向量，导线 $C$ 上 $\boldsymbol{a}$（$u$）点到直母线上任一点的距离为 $v$，则该点可以表示为

$$\boldsymbol{r}=\boldsymbol{a}(u)+v\boldsymbol{b}(u) \tag{2.26}$$

这就是直纹面的参数表示。由式（2.26）可知，直纹面的 $v$-曲线（$u$=常数）是直母线，$u$-曲线（$v$=常数）是和导线 $C$ 平行的曲线。

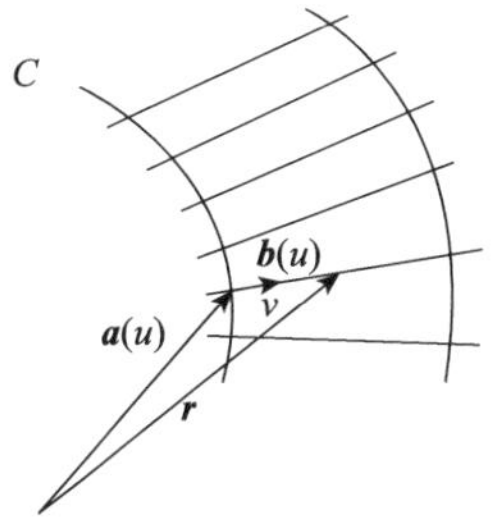


图 2.4　直纹面

对式（2.26）求偏导，有

$$\boldsymbol{r}_{\mathrm{u}}=\boldsymbol{a}'(u)+v\boldsymbol{b}'(u) \tag{2.27}$$

$$\boldsymbol{r}_{\mathrm{v}}=\boldsymbol{b}(u) \tag{2.28}$$

所以直纹面上任一点 $\boldsymbol{P}$（$u$，$v$）的法矢量为

$$\boldsymbol{N}=\boldsymbol{r}_{\mathrm{u}}\times\boldsymbol{r}_{\mathrm{v}}=\boldsymbol{a}'\times\boldsymbol{b}+v\boldsymbol{b}'\times\boldsymbol{b} \tag{2.29}$$

当点 $\boldsymbol{P}$ 在曲面上沿一条直母线移动时，法矢量 $\boldsymbol{N}$ 的变化分为以下两种情形。

（1）情形 1：

$\boldsymbol{a}'\times\boldsymbol{b}$ 不平行于 $\boldsymbol{b}'\times\boldsymbol{b}$，即 $(\boldsymbol{a}',\boldsymbol{b},\boldsymbol{b}')\neq 0$，此时，当点 $\boldsymbol{P}$ 在曲面上沿一条直母线移动时，参数 $v$ 随点 $\boldsymbol{P}$ 的移动而变化，因此法矢量 $\boldsymbol{N}$ 绕直母线旋转。

（2）情形 2：

$\boldsymbol{a}'\times\boldsymbol{b}$ 平行于 $\boldsymbol{b}'\times\boldsymbol{b}$，即 $(\boldsymbol{a}',\boldsymbol{b},\boldsymbol{b}')=0$，此时，当点 $\boldsymbol{P}$ 在曲面上沿一条直母线移动时，虽然 $\boldsymbol{v}$ 有变化，但是法矢量 $\boldsymbol{N}$ 只改变长度不改变方向，也就是说单位法矢量 $\boldsymbol{n}=\dfrac{\boldsymbol{r}_{\mathrm{u}}\times\boldsymbol{r}_{\mathrm{v}}}{|\boldsymbol{r}_{\mathrm{u}}\times\boldsymbol{r}_{\mathrm{v}}|}$ 保持不变。这说明点 $\boldsymbol{P}$ 沿直母线移动时，其单位法矢量不变，此时直纹面沿一条直母线有同一个切平面。

满足情形 1 的直纹面称为非可展直纹面，而满足情形 2 的直纹面则称为可展直纹面。

可以证明每一个可展直纹面或者是柱面，或者是锥面，或者是一条曲线的切线曲面。也可以证明，一个曲面为可展直纹面的充分必要条件是此曲面为单参数平面族的包络。

## 2.2 单参数曲面族的包络面

文献[3]严密地阐述了单参数曲面族的包络理论以及包络面的求解方法，本节在此做简要的介绍。

用矢量方程表示一个单参数曲面族，即

$$\{S_t\}: \boldsymbol{r} = \boldsymbol{r}(u, v; t) \tag{2.30}$$

式中，$u$、$v$ 为曲面参数；$t$ 为面族参数。针对 $t$ 取某一个定值，矢量方程（2.30）代表一个曲面 $S_t$，当参数 $t$ 的值变化时，曲面 $S_t$ 随之发生变化。假定对于每一个 $t$ 值，$S_t$ 没有奇点，矢量函数 $\boldsymbol{r}(u,v;t)$ 有连续的一阶和二阶偏导，并且 $\boldsymbol{r}_{\mathrm{u}} \times \boldsymbol{r}_{\mathrm{v}} \neq 0$。

若有一个曲面 $\Sigma$，其上每一个点都属于曲面族 $\{S_t\}$ 中唯一的一个曲面 $S_t$，而且和 $S_t$ 在该点相切，则称 $\Sigma$ 为曲面族 $\{S_t\}$ 的包络（面）。例如，一个非平面的可展曲面的切面所构成的单参数平面族的包络面就是那个可展曲面。应当指出，不是每一个单参数曲面族都有包络面。在以下的论述中，假设曲面族 $\{S_t\}$ 的包络面 $\Sigma$ 存在，并且给出包络面 $\Sigma$ 的求解方法。

设包络面方程为

$$\boldsymbol{r} = \boldsymbol{r}^*(u^*, v^*) \tag{2.31}$$

而且 $\dfrac{\partial \boldsymbol{r}^*}{\partial u^*} \times \dfrac{\partial \boldsymbol{r}^*}{\partial v^*} \neq 0$，并设 $\boldsymbol{P}$ 为 $\Sigma$ 和 $S_t$ 的一个共同点，在 $\Sigma$ 上对应参数 $u^*$、$v^*$。显然点 $\boldsymbol{P}$ 只能在唯一的 $S_t$ 上，即 $u^*$、$v^*$ 确定唯一的 $t$ 值。与此同时，在 $S_t$ 上，点 $\boldsymbol{P}$ 又有确定的参数值 $u$、$v$。因而，$t$、$u$、$v$ 都是 $u^*$、$v^*$ 的函数，可表示如下：

$$\begin{cases} t = t(u^*, v^*) \\ u = u(u^*, v^*) \\ v = v(u^*, v^*) \end{cases} \tag{2.32}$$

点 $\boldsymbol{P}$ 的径矢可以描述为

$$\boldsymbol{r}^*(u^*, v^*) = \boldsymbol{r}\left(u(u^*, v^*), v(u^*, v^*); t(u^*, v^*)\right) \tag{2.33}$$

对式（2.33）求偏导，则有

$$\begin{cases} \dfrac{\partial \boldsymbol{r}^*}{\partial u^*} = \boldsymbol{r}_u \dfrac{\partial u}{\partial u^*} + \boldsymbol{r}_v \dfrac{\partial v}{\partial u^*} + \boldsymbol{r}_t \dfrac{\partial t}{\partial u^*} \\ \dfrac{\partial \boldsymbol{r}^*}{\partial v^*} = \boldsymbol{r}_u \dfrac{\partial u}{\partial v^*} + \boldsymbol{r}_v \dfrac{\partial v}{\partial v^*} + \boldsymbol{r}_t \dfrac{\partial t}{\partial v^*} \end{cases} \tag{2.34}$$

式中的两个导矢量是沿参数曲线 $u^*$线和 $v^*$线的切矢。$\boldsymbol{\Sigma}$ 和 $S_t$ 在点 $\boldsymbol{P}$ 相切的充要条件是式（2.34）中两个矢量都分别与矢量 $\boldsymbol{r}_u$、$\boldsymbol{r}_v$ 共面，即混合积

$$(\boldsymbol{r}_u, \boldsymbol{r}_v, \frac{\partial \boldsymbol{r}^*}{\partial u^*}) = (\boldsymbol{r}_u, \boldsymbol{r}_v, \frac{\partial \boldsymbol{r}^*}{\partial v^*}) = 0 \tag{2.35}$$

将式（2.34）代入式（2.35）可得

$$(\boldsymbol{r}_u, \boldsymbol{r}_v, \boldsymbol{r}_t)\frac{\partial t}{\partial u^*} = (\boldsymbol{r}_u, \boldsymbol{r}_v, \boldsymbol{r}_t)\frac{\partial t}{\partial v^*} = 0 \tag{2.36}$$

由于 $\dfrac{\partial t}{\partial u^*}$、$\dfrac{\partial t}{\partial v^*}$ 不会同时恒等于零，因而式（2.36）变为

$$(\boldsymbol{r}_u, \boldsymbol{r}_v, \boldsymbol{r}_t) = 0 \tag{2.37}$$

式（2.37）就是 $\boldsymbol{\Sigma}$ 和 $S_t$ 在点 $\boldsymbol{P}$ 相切的充要条件。

将式（2.37）等号左边的纯量函数表示为如下的形式：

$$\Phi(u, v, t) \equiv (\boldsymbol{r}_u, \boldsymbol{r}_v, \boldsymbol{r}_t) = 0 \tag{2.38}$$

一般地，可以假定在 $S_t$ 上满足式（2.38）的一点 $\boldsymbol{P}$（$u$，$v$），$\Phi_u$、$\Phi_v$ 不同时为零。不失一般性，可假定 $\Phi_v \neq 0$，则可以从式（2.38）解出 $v$ 作为 $u$、$t$ 的函数 $v$（$u$，$t$），其在点 $\boldsymbol{P}$ 邻近的一定范围内，满足如下恒等式：

$$\Phi\big(u, v(u,t), t\big) \equiv 0 \tag{2.39}$$

把 $v = v(u, t)$ 代入式（2.30），得到如下一个曲面：

$$\hat{\boldsymbol{\Sigma}}:\ \boldsymbol{r} = \hat{\boldsymbol{r}}(u,t) \equiv \boldsymbol{r}\big(u, v(u,t); t\big) \tag{2.40}$$

式中，$u$、$t$ 是 $\hat{\boldsymbol{\Sigma}}$ 的独立参数。可以证明，$\hat{\boldsymbol{\Sigma}}$ 就是曲面族$\{S_t\}$的包络面。首先，$\hat{\boldsymbol{\Sigma}}$ 上的点 $\boldsymbol{P}$ 本来就是 $S_t$ 上的点，其次，$\hat{\boldsymbol{\Sigma}}$ 在点 $\boldsymbol{P}$ 的两个切矢，即

$$\hat{\boldsymbol{r}}_u = \boldsymbol{r}_u + \boldsymbol{r}_v \frac{\partial v}{\partial u},\quad \hat{\boldsymbol{r}}_t = \boldsymbol{r}_t + \boldsymbol{r}_v \frac{\partial v}{\partial t} \tag{2.41}$$

由于式（2.38），满足如下条件：

$$(\hat{\boldsymbol{r}}_u, \boldsymbol{r}_u, \boldsymbol{r}_v) = (\hat{\boldsymbol{r}}_t, \boldsymbol{r}_u, \boldsymbol{r}_v) = 0 \tag{2.42}$$

即 $\hat{\boldsymbol{\Sigma}}$ 在点 $\boldsymbol{P}$ 的两个切矢 $\hat{\boldsymbol{r}}_u$、$\hat{\boldsymbol{r}}_t$ 和 $S_t$ 在点 $\boldsymbol{P}$ 的切矢 $\boldsymbol{r}_u$、$\boldsymbol{r}_v$ 共面，因而 $\hat{\boldsymbol{\Sigma}}$ 和 $S_t$ 在

点 $\boldsymbol{P}$ 相切，这就证明 $\hat{\Sigma}$ 是曲面族$\{S_t\}$的包络面。

至此可以给出如下结论：在 $S_t$ 没有奇点而曲面族$\{S_t\}$的包络面存在，$\Phi_{\mathrm{u}}$、$\Phi_{\mathrm{v}}$ 不同时为零的假定条件下，式（2.38）就是 $S_t$ 上的点 $\boldsymbol{r}$（$u$，$v$；$t$）属于包络面 $\Sigma$ 的充要条件。

由于曲面 $S_t$ 和包络面 $\Sigma$ 的接触点 $\boldsymbol{P}$ 决定于三个参数 $u$、$v$、$t$，可以用 $\boldsymbol{P}$（$u$，$v$，$t$）表示接触点，而式（2.38）称为接触方程，并将式（2.30）和（2.38）联立作为包络面 $\Sigma$ 的方程，即

$$\begin{cases}\boldsymbol{r}=\boldsymbol{r}(u,v;t)\\ \Phi(u,v,t)=0\end{cases} \tag{2.43}$$

在式（2.38）中，若令 $t$ 等于常数，如 $t=t_0$，得到参数 $u$、$v$ 之间的一个函数关系，该函数关系确定 $S_{t_0}$ 上一条曲线 $C_{t_0}$，而这条曲线也在包络面 $\Sigma$ 上。曲线 $C_{t_0}$ 的方程为

$$C_{t_0}:\ \ \boldsymbol{r}=\boldsymbol{r}\big(u,v(u,t_0);t_0\big) \tag{2.44}$$

式中，只有 $u$ 一个参数。一般地，若用式（2.43）表示 $\Sigma$ 的方程，则 $C_{t_0}$ 的方程可以写成

$$C_{t_0}:\ \begin{cases}\boldsymbol{r}=\boldsymbol{r}(u,v;t_0)\\ \Phi(u,v,t_0)=0\end{cases} \tag{2.45}$$

则曲面族中的每个曲面 $S_t$ 和包络面一般不是在一点而是沿着一条曲线 $C_t$ 相切。曲线 $C_t$ 称为 $S_t$ 上的特征线。当 $t$ 的值变化时，就得到一个单参数特征线族$\{C_t\}$，这一族曲线$\{C_t\}$构成（或者“产生”）包络面 $\Sigma$。

归纳以上的结果可知，若 $S_t$ 没有奇点而$\{C_t\}$的包络面 $\Sigma$ 存在，则有如下结论：

（1）$S_t$ 上一点 $\boldsymbol{P}(u,v)$ 属于包络面 $\Sigma$ 的充要条件是（接触条件）$\Phi(u,v,t)\equiv(\boldsymbol{r}_{\mathrm{u}},\boldsymbol{r}_{\mathrm{v}},\boldsymbol{r}_{\mathrm{t}})=0$；

（2）每一个 $S_t$ 和 $\Sigma$ 沿一条特征线 $C_t$ 相切，$C_t$ 的方程是$\begin{cases}\boldsymbol{r}=\boldsymbol{r}(u,v;t)\\ \Phi(u,v,t)=0\end{cases}$。

## 2.3 共轭曲面的数字仿真原理

共轭曲面原理作为高副机构的理论基础，是在刚体的假定下，将高副工作廓面抽象为几个元素，来研究其运动几何学规律，目前已发展到了相当成熟的

阶段。20 世纪 60 年代以后，生产中不断有人提出一些富于挑战性的课题，例如：弧齿锥齿轮的接触域分析；在大弹性变形下的谐波齿轮传动；各类误差所引起的共轭过程的畸变以及对传动加工的影响；以离散点集描述曲面时的数字化曲面的共轭问题等。这些问题有的已超越了传统理论的刚体假定、规范性假定及连续性假定，有的解决过程迂回、不够直接。有专家学者据此提出了共轭曲面原理内涵的扩展与研究方法的多样化问题。

数字仿真方法[4]是通过离散数学的数字计算手段，直接描述共轭过程的一种方法，故“离散化”与“直接化”为其主要特征。从理论上讲，数字仿真方法放弃了传统的共轭条件 $\boldsymbol{v}^{(21)}\cdot\boldsymbol{n}=0$（$\boldsymbol{v}^{(21)}$ 为共轭曲面之间的相对运动速度，$\boldsymbol{n}$ 为单位公法矢），而代之以标杆函数的最小条件，从而使共轭过程的理论模型变为数学规划模型，因此这种方法具有模型简单、便于计算等优点，尤其在解决误差、变形、干涉、奇异以及非连续可微等复杂条件下的共轭曲面问题时，更能表现出特殊效果，具有传统理论与方法不可比拟的优越性。

## 2.3.1　共轭过程的数字仿真模型

### 1. 数字仿真的基本构思

设已知曲面 $\Sigma_1:\boldsymbol{R}^{(1)}=\boldsymbol{R}^{(1)}(u_1,v_1)$，未知曲面 $\Sigma_2:\boldsymbol{R}^{(2)}=\boldsymbol{R}^{(2)}(u_2,v_2)$，两个曲面为共轭曲面，分别绕定轴 $Z_1$、$Z_2$ 轴回转，如图 2.5 所示。转角满足传动函数 $\phi_2=\phi_2(\phi_1)$。

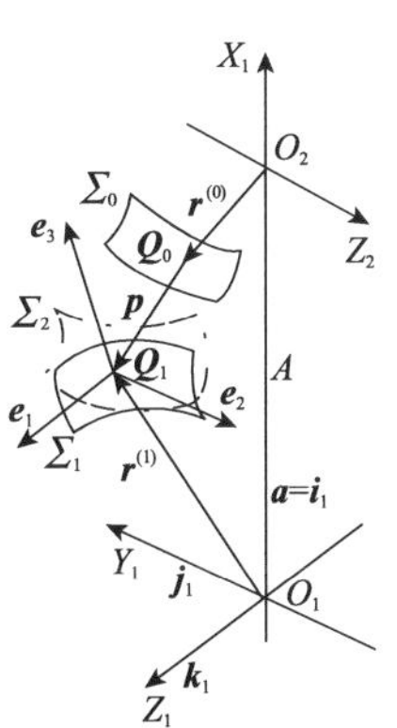


图 2.5　三个曲面的位置关系

不失一般性，可令曲面 $\Sigma_1$ 的回转角速度为 $|\boldsymbol{\Omega}^{(1)}|=1$，则有 $\mathrm{d}\phi_1=\mathrm{d}t$，$|\boldsymbol{\Omega}^{(2)}|=\dfrac{\mathrm{d}\phi_2}{\mathrm{d}t}=I(\phi_1)$，式中，$t$ 为时间；$I(\phi_1)$ 为速比函数。

为了数字仿真的需要，首先设定坐标参考曲面 $\Sigma_0: \boldsymbol{R}^{(0)}=\boldsymbol{R}^{(0)}(u_2, v_2)$，在其上各点出发出按既定方向发出的“标杆射线”，形成标杆线汇，即

$$(L): \boldsymbol{R}^{(0)}(u_2, v_2)+h\boldsymbol{P}(u_2, v_2) \tag{2.46}$$

式中，$h$ 为线汇参数；$\boldsymbol{P}(u_2, v_2)$ 为标杆方向单位矢量，$|\boldsymbol{P}(u_2, v_2)|=1$，当曲面 $\Sigma_1$ 与标杆线汇（$L$）按已知传动关系 $\phi_2=\phi_2(\phi_1)$ 分别绕 $Z_1$、$Z_2$ 轴回转时，标杆线汇中的每一个标杆将在运动中被曲面 $\Sigma_1$ 所形成的面族$\{\Sigma_1\}$所截取，被截取的标杆长度即为标杆线汇（$L$）在曲面 $\Sigma_1$ 和 $\Sigma_0$ 之间的线段长度。图 2.5 中的 $Q_0Q_1$ 即表示某瞬时被截取的标杆长度。显然，标杆长度 $h$ 应为 $u_2$、$v_2$、$\phi_2$ ($\phi_1$) 的函数，称为标杆函数 $h=h(u_2,v_2,\phi_1)$。对于每一个确定点 $(u_2, v_2)$，$h$ 为转角 $\phi_1$ 的函数。在连续回转下，标杆将被连续截取，最终留下的标杆长度一定是最小值，即

$$h_{\mathrm{m}} = \min_{\phi_1} h(u_2, v_2, \phi_1) = h_{\mathrm{m}}(u_2, v_2) \tag{2.47}$$

而标杆线汇的所有端点描述了未知曲面 $\Sigma_2$，即

$$\boldsymbol{R}^{(2)} = \boldsymbol{R}^{(0)}(u_2, v_2) + h_{\mathrm{m}}(u_2, v_2)\boldsymbol{P}(u_2, v_2) \tag{2.48}$$

上述思路是从传统的求解共轭曲面的思路发展而来，实现了由“间接”到“直接”的转化。传统理论要求“共轭曲面必须连续相切地接触”，虽然数学意义清晰明确，但却显得抽象，数字仿真方法则形象直接地描述了共轭过程：坐标曲面 $\Sigma_0$ 与标杆线汇（$L$）一起构成了创成加工中的“毛坯”，而已知曲面 $\Sigma_1$ 则占据着“工具”的地位，不论是在何种误差、变形等复杂因素作用下，“工具”都一点点加工，“毛坯”也一层层被去除，最终获得的廓面就是真实的工件廓面形状。在此意义上，数字仿真思路与传统思路相比已经发生了质的变化，更有其独特的优越性。

通常，坐标曲面 $\Sigma_0$ 如何选取不会影响 $\Sigma_2$ 廓面的最终形状，但原则上仍要满足以下条件：$\Sigma_0$ 是可解析的，其上无奇点；并且为方便求解，$\Sigma_0$ 方程应尽量简单。

**2. 数字仿真的数学模型**

令曲面 $\Sigma_1$、标杆线汇（$L$）分别绕 $Z_1$ 轴、$Z_2$ 轴回转，得到回转矢量，即

$$\begin{cases} \boldsymbol{r}^{(1)}=\boldsymbol{B}_1(\phi_1)\boldsymbol{R}^{(1)}(u_1,v_1) \\ \boldsymbol{r}^{(2)}=\boldsymbol{B}_2(\phi_2)[\boldsymbol{R}^{(0)}(u_2,v_2)+h\boldsymbol{P}(u_2,v_2)]=\boldsymbol{r}^{(0)}+h\boldsymbol{p} \end{cases} \tag{2.49}$$

式中，$\boldsymbol{r}^{(0)}=\boldsymbol{B}_2(\phi_2)\boldsymbol{R}^{(0)}(u_2,v_2)$；$\boldsymbol{p}^{(0)}=\boldsymbol{B}_2(\phi_2)\boldsymbol{P}^{(0)}(u_2,v_2)$；$B_i(\phi_i)\ (i=1,2)$ 为回转运动群矩阵，展开形式如下：

$$B_i(\phi_i)=\begin{bmatrix}\cos\phi_i & -\sin\phi_i & 0\\ \sin\phi_i & \cos\phi_i & 0\\ 0 & 0 & 1\end{bmatrix} \tag{2.50}$$

由图 2.5 可知，共轭时，两曲面 $\Sigma_1$、$\Sigma_2$ 必须满足接触条件：

$$\boldsymbol{T}=\boldsymbol{r}^{(1)}-\boldsymbol{r}^{(2)}-A\boldsymbol{a}=0 \tag{2.51}$$

或

$$\boldsymbol{T}=\boldsymbol{r}^{(1)}-(\boldsymbol{r}^{(0)}+h\boldsymbol{p})-A\boldsymbol{a}=0 \tag{2.52}$$

式中，$A=|\boldsymbol{O}_1\boldsymbol{O}_2|$为中心距，即 $Z_1$、$Z_2$ 轴的最短距离，$\boldsymbol{a}$ 为中心距单位矢量。

前面描述了标杆线汇被截取的过程，由此可确定曲面 $\Sigma_1$、坐标曲面 $\Sigma_0$ 之间的映射关系以及相应的标杆函数 $h$。将式（2.52）投影于三个线性无关的方向上，可得到三个标量方程，例如，可以将 $\boldsymbol{T}$ 投影到标架$\{\boldsymbol{O}_1,\ \boldsymbol{i}_1\boldsymbol{j}_1\boldsymbol{k}_1\}$之中，$\boldsymbol{i}_1$、$\boldsymbol{j}_1$、$\boldsymbol{k}_1$ 分别为坐标系$\{\boldsymbol{O}_1,\ X_1Y_1Z_1\}$三坐标轴方向的单位矢量，于是有如下方程：

$$\begin{cases}X(u_1,v_1,u_2,v_2,h,\phi_1)=\boldsymbol{T}\cdot\boldsymbol{i}_1=0\\ Y(u_1,v_1,u_2,v_2,h,\phi_1)=\boldsymbol{T}\cdot\boldsymbol{j}_1=0\\ Z(u_1,v_1,u_2,v_2,h,\phi_1)=\boldsymbol{T}\cdot\boldsymbol{k}_1=0\end{cases} \tag{2.53}$$

上述方程组共有 6 个独立参数，在仿真过程中，坐标曲面 $\Sigma_0$ 上点（$u_2,v_2$）为已知，故上述方程组中有 4 个未知量 $u_1$、$v_1$、$h$、$\phi_1$，一般情况下可解得

$$\begin{cases}h=h(u_2,v_2,\phi_1)\\ u_1=u_1(u_2,v_2,\phi_1)\\ v_1=v_1(u_2,v_2,\phi_1)\end{cases} \tag{2.54}$$

上面给出了标杆函数及两曲面 $\Sigma_1$、$\Sigma_0$ 之间的映射关系。$(u_1,v_1)$可在曲面 $\Sigma_1$ 上确定一条曲线，为某标杆扫过曲面 $\Sigma_1$ 时交点的轨迹，称为标杆迹线。式(2.54)中的 $h$、$u_1$、$v_1$ 均为 $u_2$、$v_2$、$\phi_1$ 的函数，所以还不是所求的最终解，需补充式（2.47）的最小条件，便构成了可求解所有未知量的完整的共轭过程数字仿真模型，即：

$$h_{\mathrm{m}}=\min_{\phi_1}h(u_2,v_2,\phi_1) \tag{2.55a}$$

$$\text{s.t.}\begin{cases}X(u_1,v_1,u_2,v_2,h,\phi_1)=0\\Y(u_1,v_1,u_2,v_2,h,\phi_1)=0\\Z(u_1,v_1,u_2,v_2,h,\phi_1)=0\end{cases}\tag{2.55b}$$

显然，式（2.55）是一个以后三式为约束条件，求目标函数 $h$ 最小值的数学规划模型，可方便地利用数学规划的方法来求解，可以得到

$$\begin{cases}u_1 = u_1(u_2, v_2)\\v_1 = v_1(u_2, v_2)\\h_{\mathrm{m}} = h_{\mathrm{m}}(u_2, v_2)\\\phi_1 = \phi_1(u_2, v_2)\end{cases}\tag{2.56}$$

即仿真方程的基本解。

应当指出，如果在共轭区间内，上述模型连续可微，则可以直接用于共轭曲面原理的理论研究。如果将上述模型中的 $u_2$、$v_2$ 离散化，即得不可微规划，容易求得 $h_{\mathrm{m}}$ 的数字解，代入式（2.48）便得到未知的共轭曲面 $\Sigma_2$ 的数字解。

## 2.3.2 标杆函数的存在性及最小条件

标杆函数处于十分关键的地位，可以说共轭曲面的大多数性质都寓于标杆函数的性态之中。

### 1. 微分关系式与标杆函数的存在性

一般情况下，可由式（2.53）解得标杆函数 $h=h(u_2,v_2,\phi_1)$，而事实上，标杆函数并非在任意条件下都存在，这就需要讨论标杆函数的存在性问题。

在曲面 $\Sigma_1$ 上设立一个正交标架 $\left\{\boldsymbol{r}^{(1)},\boldsymbol{e}_1\boldsymbol{e}_2\boldsymbol{e}_3\right\}$，其中，$\boldsymbol{e}_1$、$\boldsymbol{e}_2$ 为切平面内的单位矢量，$\boldsymbol{e}_3$ 为单位法矢。对式（2.52）求微分，有

$$d_1\boldsymbol{r}^{(1)} - \mathrm{d}h\boldsymbol{p} - \boldsymbol{v}^{(21)}\mathrm{d}\phi_1 - (d_2\boldsymbol{r}^{(0)} + hd_2\boldsymbol{p}) = 0 \tag{2.57}$$

式中，$d_1\boldsymbol{r}^{(1)}$、$d_2\boldsymbol{r}^{(0)}$、$d_2\boldsymbol{p}$ 为相对微分，$d_1\boldsymbol{r}^{(1)}=\boldsymbol{r}_{u_1}^{(1)}\mathrm{d}u_1+\boldsymbol{r}_{v_1}^{(1)}\mathrm{d}v_1$，$d_2\boldsymbol{r}^{(0)}=\boldsymbol{r}_{u_2}^{(0)}\mathrm{d}u_2+\boldsymbol{r}_{v_2}^{(0)}\mathrm{d}v_2$，$d_2\boldsymbol{p}=\boldsymbol{p}_{u_2}\mathrm{d}u_2+\boldsymbol{p}_{v_2}\mathrm{d}v_2$；$\boldsymbol{p}$ 可表示为 $\boldsymbol{p}=e_1p_1+e_2p_2+e_3p_3$，$\sqrt{p_1^2+p_2^2+p_3^2}=1$。由于 $d_1\boldsymbol{r}^{(1)}$ 为曲面 $\Sigma$ 切平面内的矢量，$d_1\boldsymbol{r}^{(1)}$ 还可写作如下形式：

$$d_1\boldsymbol{r}^{(1)} = \boldsymbol{e}_1\sigma_1^{(1)} + \boldsymbol{e}_2\sigma_2^{(1)} \tag{2.58}$$

式中，

$$\sigma_1^{(1)} = (\boldsymbol{r}_{u_1}^{(1)} \cdot \boldsymbol{e}_1)\mathrm{d}u_1 + (\boldsymbol{r}_{v_1}^{(1)} \cdot \boldsymbol{e}_1)\mathrm{d}v_1 \tag{2.59}$$

$$\sigma_2^{(1)} = (\boldsymbol{r}_{u_1}^{(1)} \cdot \boldsymbol{e}_2)\mathrm{d}u_1 + (\boldsymbol{r}_{v_1}^{(1)} \cdot \boldsymbol{e}_2)\mathrm{d}v_1 \tag{2.60}$$

分别表示$\boldsymbol{e}_1$、$\boldsymbol{e}_2$方向的微分形式。将式（2.57）向标架$\left\{\boldsymbol{r}^{(1)},\boldsymbol{e}_1\boldsymbol{e}_2\boldsymbol{e}_3\right\}$上投影，取出有关$\sigma_1^{(1)}$、$\sigma_2^{(1)}$、$\mathrm{d}h$的系数组成系数矩阵$\boldsymbol{J}_\mathrm{h}$，即

$$\boldsymbol{J}_\mathrm{h} = \begin{bmatrix} 1 & 0 & p_1 \\ 0 & 1 & p_2 \\ 0 & 0 & p_3 \end{bmatrix} \tag{2.61}$$

根据隐函数存在定理可知，标杆函数$h(u_2,v_2,\phi_1)$的存在条件必然为系数阵$\boldsymbol{J}_\mathrm{h}$满秩，即

$$\det\boldsymbol{J}_\mathrm{h} = p_3 \neq 0 \tag{2.62}$$

这就提出了数字仿真的操作过程中标杆射线必须遵循的原则：在满足接触条件式的前提下，$p_3 \neq 0$。

**2. 标杆函数的最小值条件**

对于曲面$\Sigma_0$上确定点$(u_2,v_2)$发出的标杆，由于$u_2$、$v_2$为常数，则$d_2\boldsymbol{r}^{(0)} = d_2\boldsymbol{p} = 0$，$\mathrm{d}h = h_{\phi_1}\mathrm{d}\phi_1$，故式（2.57）可化作

$$\frac{d_1\boldsymbol{r}^{(1)}}{\mathrm{d}\phi_1} - h_{\phi_1}\boldsymbol{p} - \boldsymbol{v}^{(21)} = 0 \tag{2.63}$$

式（2.63）点乘$\boldsymbol{e}_3$，且$\dfrac{d_1\boldsymbol{r}^{(1)}}{\mathrm{d}\phi_1}\cdot\boldsymbol{e}_3 = 0$，则有

$$\boldsymbol{p}_3 h_{\phi_1} + \boldsymbol{v}^{(21)} \cdot \boldsymbol{e}_3 = 0 \tag{2.64}$$

在连续可微的假定下，最小值的点必然满足极小值必要条件$h_{\phi_1}=0$，故由式（2.64）可以得到

$$\boldsymbol{v}^{(21)} \cdot \boldsymbol{e}_3 = 0 \tag{2.65}$$

式（2.65）即传统共轭曲面的啮合条件，可见标杆函数的极小值条件与传统理论的共轭条件完全一致，满足极小条件的点即为啮合点。这是一个非常容易理解、非常自然的结果，因为曲面$\boldsymbol{\Sigma}_2$是由曲面$\boldsymbol{\Sigma}_1$连续截取标杆线汇形成的，某确定点发出标杆的最终长度，即极小值$h_\mathrm{m}$，只与其位置坐标$(u_2,v_2)$有关，

而与过程变量$\phi_1$无关。

应当指出的是，上述结论是在连续可微条件下成立的，对于共轭过程中出现干涉等非正常情况（如齿轮的根切现象）时，$h$的最小值将出现在尖点或区间端点（不可微极值点）处，这时的仿真模型式（2.55）仍然适用，而传统的理论模型却已经失效。

由$h_{\phi_1}=0$可得$h=h_{\mathrm{m}}$，于是式（2.57）还可以写成以下形式：

$$d_1\boldsymbol{r}^{(1)} - d_2\boldsymbol{r}^{(2)} - \boldsymbol{v}^{(21)}\mathrm{d}\phi_1 = 0 \tag{2.66}$$

式中，$d_2\boldsymbol{r}^{(2)}=d_2(\boldsymbol{r}^{(0)}+h_{\mathrm{m}}\boldsymbol{p})=d_2\boldsymbol{r}^{(0)}+(h_{\mathrm{mu}_2}\mathrm{d}u_2+h_{\mathrm{mv}_2}\mathrm{d}v_2)\boldsymbol{p}+\mathrm{h}_{\mathrm{m}}d_2\boldsymbol{p}$。

将式（2.66）点乘$\boldsymbol{e}_3$，且由式（2.65）及$d_1\boldsymbol{r}^{(1)}\cdot\boldsymbol{e}_3=0$，可得

$$d_2\boldsymbol{r}^{(2)}\cdot\boldsymbol{e}_3=0 \tag{2.67}$$

因为$d_2\boldsymbol{r}^{(2)}$为曲面$\boldsymbol{\Sigma}_2$切平面内的任意矢量，所以$\boldsymbol{e}_3$必为曲面$\boldsymbol{\Sigma}_1$、$\boldsymbol{\Sigma}_2$在啮合点处的单位公法矢，即曲面$\boldsymbol{\Sigma}_1$与$\boldsymbol{\Sigma}_2$相切地接触，这本是传统共轭曲面原理中的前提条件，但在数字仿真原理中，却是由极小值条件演绎的结果。

由上面的论述可知，共轭曲面的数字仿真理论已经构成了一个与传统共轭曲面原理既相互联系，又相互独立的求解共轭曲面问题的新体系，更加便于具体操作，能够更好地利用现代计算技术解决各类复杂的共轭曲面问题。

### 2.3.3 一个简单的示例

共轭曲面的仿真理论与方法将在后续直纹面侧铣加工的刀位优化及误差计算方面发挥重要的作用，为了更好地理解该方法的应用，此处给出一个简单的示例。

示例：齿条加工齿轮，如图 2.6 所示，已知齿轮节圆半径为$R$，齿条齿形角为$\alpha$，求齿轮齿形。

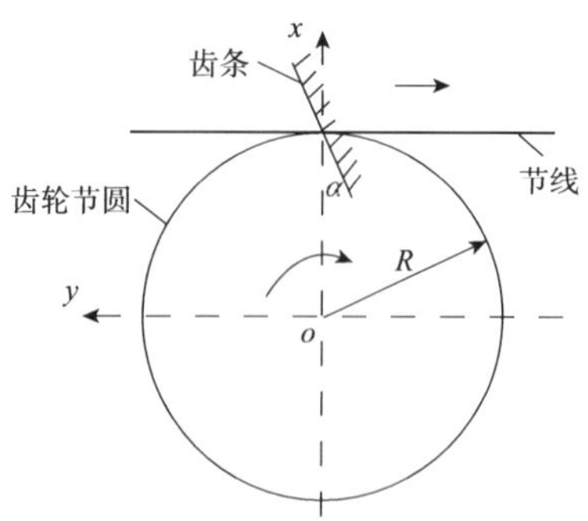


图 2.6　齿条加工齿轮

### 1. 解析法

齿轮节圆在节线上做纯滚动，齿条做平移运动。根据相对运动关系，可将齿轮静止，齿条既做平移运动，同时又做反方向的回转运动，如图 2.7 所示。$l_0$ 与 $m_0$ 分别表示初始位置节线与齿条，齿条与节线固联，相对齿轮做回转运动后处于新位置时的节线与齿条分别用 $l_1$ 与 $m_0'$ 表示，回转角用 $\phi$ 表示。齿条沿节线 $l_1$ 平移后，用 $m_1$ 表示，$m_1$ 所处位置就是齿条做平移及回转运动后的新位置。

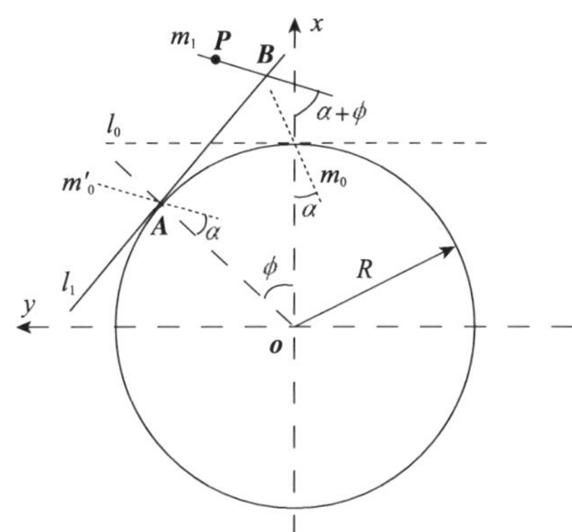


图 2.7　齿轮齿条的相对运动关系

齿条上一点 $\boldsymbol{P}$ 可以描述为

$$\boldsymbol{oP}=\boldsymbol{r}=\boldsymbol{oA}+\boldsymbol{AB}+\boldsymbol{BP} \tag{2.68}$$

式中，$\boldsymbol{oA}$ 的大小为节圆半径 $R$，根据前面圆矢量函数的定义，可确定 $\boldsymbol{oA}$ 方向为 $e(\phi)$；$\boldsymbol{AB}$ 的大小为齿条平移的距离，等于 $R\phi$，方向为 $-e_1(\phi)$；$\boldsymbol{BP}$ 大小设为 $u$，方向则为 $e(\alpha+\phi)$，于是式（2.68）可以写为

$$\boldsymbol{r}=R\boldsymbol{e}(\phi)-R\phi\boldsymbol{e}_1(\phi)+u\boldsymbol{e}(\phi+\alpha) \tag{2.69}$$

利用圆矢量函数的性质，对式（2.69）求偏导，可得

$$\boldsymbol{r}_{\mathrm{u}}=\boldsymbol{e}(\phi+\alpha) \tag{2.70}$$

$$r_{\phi}=R\phi\boldsymbol{e}(\phi)+u\boldsymbol{e}_1(\phi+\alpha) \tag{2.71}$$

包络条件为

$$(\boldsymbol{k}\times\boldsymbol{r}_{\mathrm{u}})\boldsymbol{r}_{\phi}=0 \tag{2.72}$$

则将式（2.70）、式（2.71）代入式（2.72）可得

$$u=R\phi\sin\alpha \tag{2.73}$$

将上式代入式（2.69），可得

$$r = R\boldsymbol{e}(\phi) - R\phi\boldsymbol{e}_1(\phi) + R\phi\sin\alpha\boldsymbol{e}(\phi+\alpha) \tag{2.74}$$

又因为

$$\boldsymbol{e}(\phi) = \boldsymbol{e}(\phi+\alpha-\alpha) = \cos\alpha\boldsymbol{e}(\phi+\alpha) - \sin\alpha\boldsymbol{e}_1(\phi+\alpha) \tag{2.75}$$

$$\boldsymbol{e}_1(\phi) = \boldsymbol{e}_1(\phi+\alpha-\alpha) = \sin\alpha\boldsymbol{e}(\phi+\alpha) + \cos\alpha\boldsymbol{e}_1(\phi+\alpha) \tag{2.76}$$

将式（2.75）、式（2.76）代入式（2.74），可得

$$\boldsymbol{r} = R\cos\alpha\boldsymbol{e}(\phi+\alpha) - (R\sin\alpha + R\phi\cos\alpha)\boldsymbol{e}_1(\phi+\alpha) \tag{2.77}$$

令 $R_b = R\cos\alpha$，$\varphi = \phi+\alpha$，代入式（2.77），可得

$$\boldsymbol{r} = R_b\boldsymbol{e}(\varphi) - R_b(\varphi + \mathrm{inv}\alpha)e_1(\varphi) \tag{2.78}$$

展开为直角坐标的形式，有

$$\begin{cases} x = R_b\cos\varphi + R_b(\varphi+\mathrm{inv}\alpha)\sin\varphi \\ y = R_b\sin\varphi - R_b(\varphi+\mathrm{inv}\alpha)\cos\varphi \end{cases} \tag{2.79}$$

式中，$\mathrm{inv}\,\alpha = \tan\alpha - \alpha$。显然，式（2.79）表示的是基圆半径为 $R_b$ 的渐开线，如图 2.8 所示。至此证明了齿条包络出的齿轮廓形为渐开线，这也是一个众所周知的结论。

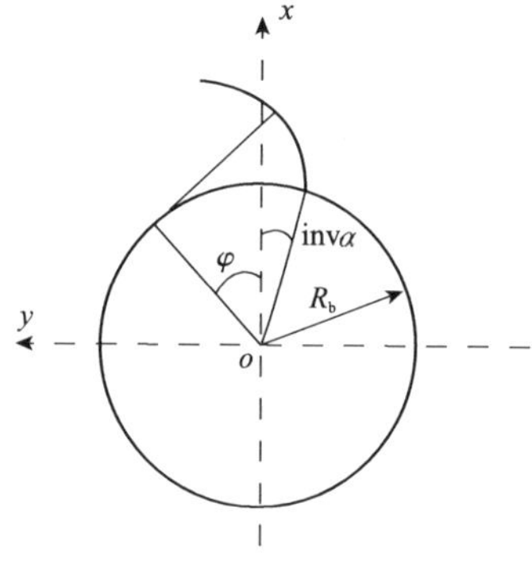


图 2.8　生成的渐开线

**2. 共轭曲面的数字仿真方法**

如图 2.9 所示，以 $x$ 轴作为参考线，其上任一点记为 $\boldsymbol{A}$，$\boldsymbol{oA}$ 的长度记为 $\rho$，在 $\boldsymbol{A}$ 点处沿 $-\boldsymbol{j}$ 方向发出标杆射线，$h$ 为标杆方向的长度参数，于是可将齿轮的齿形表示为

$$\boldsymbol{R}_1 = \rho\boldsymbol{i} - h\boldsymbol{j} \tag{2.80}$$

齿条的方程可以表示为（参考图 2.7）

$$R_2 = Ri + ue(\alpha) \tag{2.81}$$

式中，$u$ 为直线参数。在齿条加工齿轮的过程中，二者要做既定的运动，即齿轮回转、齿条平移，在某时刻齿轮方程为

$$\boldsymbol{r}_1 = \rho \boldsymbol{e}(-\lambda) - h\boldsymbol{e}_1(-\lambda) \tag{2.82}$$

式中，$\lambda$ 为齿轮的回转角，回转方向为顺时针方向。齿条方程为

$$\boldsymbol{r}_2 = R\boldsymbol{i} + u\boldsymbol{e}(\alpha) - R\lambda \boldsymbol{j} \tag{2.83}$$

式中，$R\lambda$ 为平移距离，沿 $y$ 轴反方向平移。加工过程中，首先满足接触条件，即

$$\boldsymbol{r}_1 - \boldsymbol{r}_2 = \rho \boldsymbol{e}(-\lambda) - h\boldsymbol{e}_1(-\lambda) - R\boldsymbol{i} - u\boldsymbol{e}(\alpha) + R\lambda \boldsymbol{j} = 0 \tag{2.84}$$

由上式可以解得

$$h = \frac{\rho \sin\lambda + \rho \cos\lambda \tan\alpha - R\tan\alpha - R\lambda}{\sin\lambda \tan\alpha - \cos\lambda} \tag{2.85}$$

齿轮回转过程中，标杆受到连续的切削，即每一个 $\lambda$ 对应一个标杆长度 $h$，显然，最终切得最深的 $h$ 对应的才是齿形上的点，因而有

$$h_{\min} = \min_{\lambda} h \tag{2.86}$$

将之代入式（2.80）则可获得齿形，即

$$\boldsymbol{R}_1 = \rho \boldsymbol{i} - h_{\min} \boldsymbol{j} \tag{2.87}$$

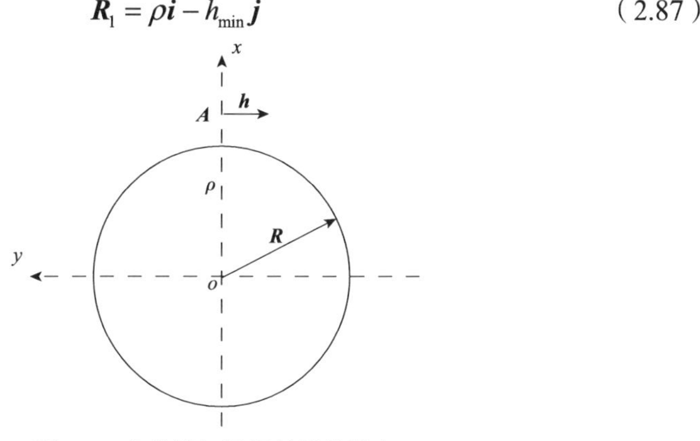


图 2.9　参考线与标杆射线的设定

下面通过具体的数值来计算齿形的坐标。可设节圆半径 $R$=100，齿形角 $\alpha$ =20°。利用式（2.77），假设 $\phi$=15°，则由式（2.77）或式（2.79）可以计算得到解析解获得的渐开线上点的坐标，即 $x$ =110.703 191 192 301，$y$ =5.729 867 016 522 72。令式（2.87）中的 $\rho$ 取与 $x$ 相同的数值，即 $\rho$ =110.703 191 192 301，则通过式（2.85），令 $\lambda$ 变化，可获得一系列 $h$ 值，如图 2.10 所示，图中 $\lambda$ 的步长为

0.1°，最小值 $h_{\min} = -5.729\,867\,016\,522\,71$，对应最小值的角度为 $\lambda$=15°，代入式（2.87）可知仿真解 $y_1 = 5.729\,867\,016\,522\,71$，与解析解的 $y$ 值吻合。以此类推，两种方法获得的所有齿形点均可以实现完全匹配。

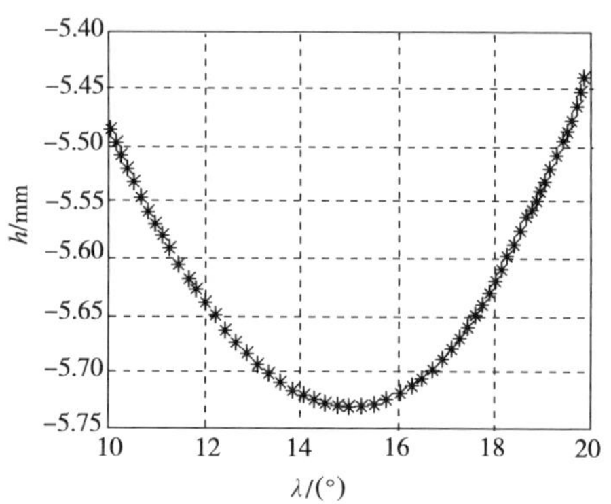


图 2.10　标杆长度随回转角的变化情况

通过上述的一个简单的例子可知，共轭曲面的数字仿真方法不仅原理正确，而且过程简单直接，易于理解，尤其在数值计算方面更是表现出了独特的优越性，因而该方法成为后面研究的得力的工具。

## 2.4　本章小结

本章简要介绍了微分几何学以及曲面包络的基本理论，包括回转面、直纹面的概念及基本性质，论述了单参数曲面族的包络理论及包络面的求解方法，介绍了特征线等相关概念；以传统的共轭曲面原理为参照，阐述了共轭曲面数字仿真原理与传统理论的联系与扩展、求解的思路与方法的独特性，并且给出了一个具体的示例加以验证。

### 参 考 文 献


[1] 阎长罡. 奇点共轭理论与 0°渐开线包络杆传动的原理与技术. 大连：大连理工大学博士学位论文，2000.

[2] 梅向明，黄敬之. 微分几何. 北京：高等教育出版社，2001.

[3] 吴大任，骆家舜. 齿轮啮合理论. 北京：科学出版社，1985.

[4] 刘健，阎长罡，曹利新. 共轭曲面的数字仿真原理. 大连理工大学学报，1999，39（2）：259-267.

# 第 3 章 直纹面的造型方法

在当前的 CAD/CAM 系统中，B 样条（B-spline）曲线曲面已经成为几何造型的核心部分。B 样条曲线曲面造型方法的理论基础是 B 样条，本章首先以 3 次均匀 B 样条为例说明 B 样条方法的基本概念，为直纹面的造型提供得力的工具[1]，本章最后针对一个工程实例，详细介绍叶片直纹面的构造过程。

## 3.1 三次均匀 B 样条曲线的方程

### 3.1.1 三次均匀 B 样条曲线的表达式及其几何性质

三次均匀 B 样条曲线的表达式为

$$\boldsymbol{P}_i(u)=\frac{1}{6}\begin{bmatrix}u^3 & u^2 & u & 1\end{bmatrix}\begin{bmatrix}-1 & 3 & -3 & 1\\ 3 & -6 & 3 & 0\\ -3 & 0 & 3 & 0\\ 1 & 4 & 1 & 0\end{bmatrix}\begin{bmatrix}\boldsymbol{V}_i\\ \boldsymbol{V}_{i+1}\\ \boldsymbol{V}_{i+2}\\ \boldsymbol{V}_{i+3}\end{bmatrix} \tag{3.1}$$

即

$$\boldsymbol{P}_i(u) = f_1(u)\boldsymbol{V}_i + f_2(u)\boldsymbol{V}_{i+1} + f_3(u)\boldsymbol{V}_{i+2} + f_4(u)\boldsymbol{V}_{i+3} \tag{3.2}$$

式中，$\boldsymbol{V}_i$、$\boldsymbol{V}_{i+1}$、$\boldsymbol{V}_{i+2}$、$\boldsymbol{V}_{i+3}$ 为特征多边形顶点，亦称为控制顶点；$u$ 为参数，$u\in[0,\ 1]$；$f_1(u)$、$f_2(u)$、$f_3(u)$、$f_4(u)$ 为 B 样条基函数，其表达式如下：

$$\begin{cases} f_1(u) = \dfrac{1}{6}(1-u)^3 \\ f_2(u) = \dfrac{1}{6}(3u^3 - 6u^2 + 4) \\ f_3(u) = \dfrac{1}{6}(-3u^3 + 3u^2 + 3u + 1) \\ f_4(u) = \dfrac{1}{6}u^3 \end{cases} \tag{3.3}$$

三次均匀 B 样条曲线段与控制顶点组成的多边形的关系如图 3.1 所示，参数 $u$ 在[0,1]变动时，式（3.2）描述了一条三次均匀 B 样条曲线，当 $u$=0 或 $u$=1 时，表示的是样条曲线段的两个端点 $\boldsymbol{P}_i(0)$ 与 $\boldsymbol{P}_i(1)$，即

$$\begin{cases} \boldsymbol{P}_i(0) = \dfrac{1}{6}(\boldsymbol{V}_i + 4\boldsymbol{V}_{i+1} + \boldsymbol{V}_{i+2}) \\ \boldsymbol{P}_i(1) = \dfrac{1}{6}(\boldsymbol{V}_{i+1} + 4\boldsymbol{V}_{i+2} + \boldsymbol{V}_{i+3}) \end{cases} \tag{3.4}$$

对式（3.4）求导，可得到两端的切矢，即

$$\begin{cases} \boldsymbol{P}_i'(0) = \dfrac{1}{2}(\boldsymbol{V}_{i+2} - \boldsymbol{V}_i) \\ \boldsymbol{P}_i'(1) = \dfrac{1}{2}(\boldsymbol{V}_{i+3} - \boldsymbol{V}_{i+1}) \end{cases} \tag{3.5}$$

由式（3.4）、式（3.5）可知，三次均匀 B 样条曲线的首点切矢与 $\boldsymbol{V}_i\boldsymbol{V}_{i+2}$ 平行，末点的切矢与 $\boldsymbol{V}_{i+1}\boldsymbol{V}_{i+3}$ 平行，这两个端点既不在控制顶点组成的多边形的边上，也不通过首末顶点。

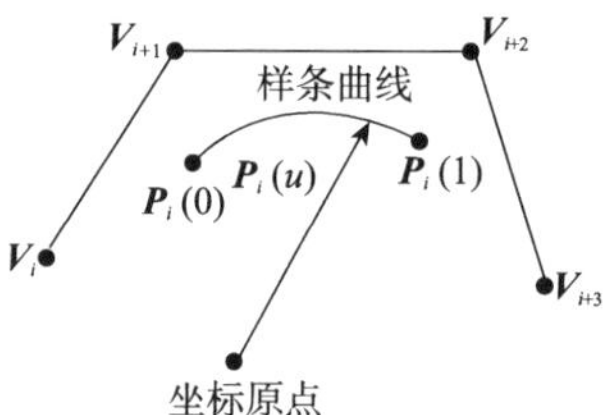


图 3.1　三次均匀 B 样条曲线及其控制顶点

### 3.1.2　四重节点的三次准均匀 B 样条曲线方程

在实际工作中，总是希望所设计的曲线在给定点起始或终止，且具有确定的切线方向，即要求满足边界插值条件，而三次均匀 B 样条曲线难以满足这些要求。为此，可通过应用两端为四重节点矢量来定义 B 样条基函数，以便构造三次准均匀 B 样条曲线，使其通过多边形的首末顶点并与首末边相切。

对于节点矢量 $\boldsymbol{X}=(x_{-3},x_{-2},x_{-1},x_0,x_1,\cdots,x_{N-1},x_N,x_{N+1},x_{N+2},x_{N+3})$，令首末两端四个节点相等，即 $x_{-3}=x_{-2}=x_{-1}=x_0$ 及 $x_N=x_{N+1}=x_{N+2}=x_{N+3}$，则 B 样条基函数将发生变化。当 B 样条曲线的段数超过 4 时，前两组基函数分别为

$$\begin{cases} f_{11}(u)=(1-u)^3 \\ f_{12}(u)=u(\dfrac{7}{4}u^2-\dfrac{9}{2}u+3) \\ f_{13}(u)=\dfrac{1}{12}u^2(-11u+18) \\ f_{14}(u)=\dfrac{1}{6}u^3 \end{cases},\quad x\in[x_0,x_1] \tag{3.6}$$

$$\begin{cases} f_{21}(u) = \dfrac{1}{4}(1-u)^3 \\ f_{22}(u) = \dfrac{1}{12}(7u^3 - 15u^2 + 3u + 7) \\ f_{23}(u) = \dfrac{1}{6}(-3u^3 + 3u^2 + 3u + 1) \\ f_{24}(u) = \dfrac{1}{6}u^3 \end{cases}, \quad x \in [x_1, x_2] \tag{3.7}$$

相应地，B 样条曲线段的表达式为

$$\boldsymbol{P}_1(u) = \begin{bmatrix} u^3 & u^2 & u & 1 \end{bmatrix} \begin{bmatrix} -1 & 7/4 & -11/12 & 1/6 \\ 3 & -9/2 & 3/2 & 0 \\ -3 & 3 & 0 & 0 \\ 1 & 0 & 0 & 0 \end{bmatrix} \begin{bmatrix} \boldsymbol{V}_1 \\ \boldsymbol{V}_2 \\ \boldsymbol{V}_3 \\ \boldsymbol{V}_4 \end{bmatrix} \tag{3.8}$$

$$\boldsymbol{P}_2(\mathrm{u}) = \begin{bmatrix} u^3 & u^2 & u & 1 \end{bmatrix} \begin{bmatrix} -1/4 & 7/12 & -1/2 & 1/6 \\ 3/4 & -5/4 & 1/2 & 0 \\ -3/4 & 1/4 & 1/2 & 0 \\ 1/4 & 7/12 & 1/6 & 0 \end{bmatrix} \begin{bmatrix} \boldsymbol{V}_2 \\ \boldsymbol{V}_3 \\ \boldsymbol{V}_4 \\ \boldsymbol{V}_5 \end{bmatrix} \tag{3.9}$$

显然，式（3.8）和式（3.9）与式（3.1）所示的三次均匀 B 样条曲线相比，已经发生了改变。类似的，倒数第二段（$N$-1 段）及最后一段（$N$ 段）B 样条曲线的表达式也发生了改变，即受到重节点的影响。而其余曲线段的表达式同式（3.1），即不受重节点的影响。为了明确起见，可将 B 样条曲线段的表达式表示为如下通式的形式：

$$\boldsymbol{P}_i(u) = \begin{bmatrix} u^3 & u^2 & u & 1 \end{bmatrix} \begin{bmatrix} b_{11} & b_{12} & b_{13} & b_{14} \\ b_{21} & b_{22} & b_{23} & b_{24} \\ b_{31} & b_{32} & b_{33} & b_{34} \\ b_{41} & b_{42} & b_{43} & b_{44} \end{bmatrix} \begin{bmatrix} \boldsymbol{V}_i \\ \boldsymbol{V}_{i+1} \\ \boldsymbol{V}_{i+2} \\ \boldsymbol{V}_{i+3} \end{bmatrix} \tag{3.10}$$

上式中关于 B 样条基函数的系数如表 3.1 所示。

**表 3.1　两端为四重节点端点条件时三次均匀 B 样条基函数的系数**

| 曲线段数 | 曲线段序号 | $b_{11}$ | $b_{21}$ | $b_{31}$ | $b_{41}$ | $b_{12}$ | $b_{22}$ | $b_{32}$ | $b_{42}$ | $b_{13}$ | $b_{23}$ | $b_{33}$ | $b_{43}$ | $b_{14}$ | $b_{24}$ | $b_{34}$ | $b_{44}$ |
|---|---|---|---|---|---|---|---|---|---|---|---|---|---|---|---|---|---|
| 1 | 1 | −1 | 3 | −3 | 1 | 3 | −6 | 3 | 0 | −3 | 3 | 0 | 0 | 1 | 0 | 0 | 0 |
| 2 | 1 | −1 | 3 | −3 | 1 | 7/4 | −9/2 | 3 | 0 | −1 | 3/2 | 0 | 0 | 1/4 | 0 | 0 | 0 |
| | 2 | −1/4 | 3/4 | −3/4 | 1/4 | 1 | −3/2 | 0 | 1/2 | −7/4 | 3/4 | 3/4 | 1/4 | 1 | 0 | 0 | 0 |
| 3 | 1 | −1 | 3 | −3 | 1 | 7/4 | −9/2 | 3 | 0 | −11/12 | 3/2 | 0 | 0 | 1/6 | 0 | 0 | 0 |
| | 2 | −1/4 | 3/4 | −3/4 | 1/4 | 7/12 | −5/4 | 1/4 | 7/12 | −7/12 | 1/2 | 1/2 | 1/6 | 1/4 | 0 | 0 | 0 |
| | 3 | −1/6 | 1/2 | −1/2 | 1/6 | 11/12 | −5/4 | −1/4 | 7/12 | −7/4 | 3/4 | 3/4 | 1/4 | 1 | 0 | 0 | 0 |
| ≥4 | 1 | −1 | 3 | −3 | 1 | 7/4 | −9/2 | 3 | 0 | −11/12 | 3/2 | 0 | 0 | 1/6 | 0 | 0 | 0 |
| | 2 | −1/4 | 3/4 | −3/4 | 1/4 | 7/12 | −5/4 | 1/4 | 7/12 | −1/2 | 1/2 | 1/2 | 1/6 | 1/6 | 0 | 0 | 0 |
| | $N$−1 | −1/6 | 1/2 | −1/2 | 1/6 | 1/2 | −1 | 0 | 2/3 | −7/12 | 1/2 | 1/2 | 1/6 | 1/4 | 0 | 0 | 0 |
| | $N$ | −1/6 | 1/2 | −1/2 | 1/6 | 11/12 | −5/4 | −1/4 | 7/12 | −7/4 | 3/4 | 3/4 | 1/4 | 1 | 0 | 0 | 0 |
| ≥5 | 3～（$N$−2） | −1/6 | 1/2 | −1/2 | 1/6 | 1/2 | −1 | 0 | 2/3 | −1/2 | 1/2 | 1/2 | 1/6 | 1/6 | 0 | 0 | 0 |

由式（3.8）可知，第一段曲线首端的情况如下。

（1）位置为

$$P_1(0) = \boldsymbol{V}_1 \tag{3.11a}$$

（2）切矢为

$$P_1'(0) = 3(\boldsymbol{V}_2 - \boldsymbol{V}_1) \tag{3.11b}$$

可见，样条曲线首端通过第一个控制顶点，且曲线与控制多边形首边相切。

另外，可以证明应用端部为四重节点的节点矢量构造基函数时，前三段 B 样条曲线相互之间仍然可以保证二阶连续。

对于样条曲线最后两段，亦有同样的性质，不再赘述。

## 3.2　三次 B 样条曲线的插值

### 3.2.1　问题的描述

前面讨论的是根据控制顶点的特征多边形计算 B 样条曲线，称之为正算问题。实际工作中往往会遇到相反的要求，即根据给定的型值点计算多边形的顶点，称为 B 样条曲线的插值，亦称为反算问题。该问题可描述为已知型值点列 $\boldsymbol{P}_i(i=1,2,\cdots,n)$ 要求计算控制顶点 $\boldsymbol{V}_j$（$j$=1,2,⋯,$n$,$n$+1,$n$+2），使其定义的三次 B 样条曲线通过点列 $\boldsymbol{P}_i(i=1,2,\cdots,n)$ 并以 Pi 作为曲线段的节点。

### 3.2.2　基本方程组

利用重节点端点条件的基函数构造准均匀 B 样条曲线有其独特的优点，被广泛采用，只是基函数不再是统一的标准形式，相应地，在反算过程中，各方程组亦有不同。为清晰地说明算法的基本原理，假设曲线段数大于等于 5。由前文可知，各曲线段的方程如下。

（1）第一段曲线段为

$$\boldsymbol{P}_1(u)=\begin{bmatrix}u^3 & u^2 & u & 1\end{bmatrix}\begin{bmatrix}-1 & 7/4 & -11/12 & 1/6\\ 3 & -9/2 & 3/2 & 0\\ -3 & 3 & 0 & 0\\ 1 & 0 & 0 & 0\end{bmatrix}\begin{bmatrix}\boldsymbol{V}_1\\ \boldsymbol{V}_2\\ \boldsymbol{V}_3\\ \boldsymbol{V}_4\end{bmatrix} \tag{3.12}$$

（2）第二段曲线段为

$$\boldsymbol{P}_2(u)=\begin{bmatrix}u^3 & u^2 & u & 1\end{bmatrix}\begin{bmatrix}-1/4 & 7/12 & -1/2 & 1/6\\ 3/4 & -5/4 & 1/2 & 0\\ -3/4 & 1/4 & 1/2 & 0\\ 1/4 & 7/12 & 1/6 & 0\end{bmatrix}\begin{bmatrix}\boldsymbol{V}_2\\ \boldsymbol{V}_3\\ \boldsymbol{V}_4\\ \boldsymbol{V}_5\end{bmatrix} \tag{3.13}$$

（3）第三段至第 $n$−3 段曲线具有相同的方程，即

$$\boldsymbol{P}_i(u)=\frac{1}{6}\begin{bmatrix}u^3 & u^2 & u & 1\end{bmatrix}\begin{bmatrix}-1 & 3 & -3 & 1\\ 3 & -6 & 3 & 0\\ -3 & 0 & 3 & 0\\ 1 & 4 & 1 & 0\end{bmatrix}\begin{bmatrix}\boldsymbol{V}_i\\ \boldsymbol{V}_{i+1}\\ \boldsymbol{V}_{i+2}\\ \boldsymbol{V}_{i+3}\end{bmatrix}\quad (i=3,\ 4,\ \cdots,\ n-3) \tag{3.14}$$

（4）第 $n$−2 段（倒数第二段）曲线为

$$\boldsymbol{P}_{n-2}(u)=\begin{bmatrix}u^3 & u^2 & u & 1\end{bmatrix}\begin{bmatrix}-1/6 & 1/2 & -7/12 & 1/4\\ 1/2 & -1 & 1/2 & 0\\ -1/2 & 0 & 1/2 & 0\\ 1/6 & 2/3 & 1/6 & 0\end{bmatrix}\begin{bmatrix}\boldsymbol{V}_{n-2}\\ \boldsymbol{V}_{n-1}\\ \boldsymbol{V}_n\\ \boldsymbol{V}_{n+1}\end{bmatrix} \tag{3.15}$$

（5）第 $n$−1 段（最后一段）曲线为

$$P_{n-1}(u)=\begin{bmatrix}u^3 & u^2 & u & 1\end{bmatrix}\begin{bmatrix}-1/6 & 11/12 & -7/4 & 1\\ 1/2 & -5/4 & 3/4 & 0\\ -1/2 & -1/4 & 3/4 & 0\\ 1/6 & 7/12 & 1/4 & 0\end{bmatrix}\begin{bmatrix}V_{n-1}\\ V_n\\ V_{n+1}\\ V_{n+2}\end{bmatrix} \tag{3.16}$$

根据式（3.12）～式（3.16），令参数 $u$=0，可得

$$\begin{cases}P_1=V_1\\ P_2=\frac{1}{4}V_2+\frac{7}{12}V_3+\frac{1}{6}V_4\\ P_i=\frac{1}{6}V_i+\frac{2}{3}V_{i+1}+\frac{1}{6}V_{i+2} \quad (i=3,4,\cdots,n-3)\\ P_{n-2}=\frac{1}{6}V_{n-2}+\frac{2}{3}V_{n-1}+\frac{1}{6}V_n\\ P_{n-1}=\frac{1}{6}V_{n-1}+\frac{7}{12}V_n+\frac{1}{4}V_{n+1}\\ P_n=V_{n+2}\end{cases} \tag{3.17}$$

式（3.17）就是根据给定点列求解插值 B 样条曲线控制顶点的基本方程组。

### 3.2.3 三次准均匀 B 样条插值曲线方程组的构造

基本方程组式（3.17）中的未知数为 $n$+2，而方程数为 $n$，故还需补充两个端点条件才能有效求解。端点条件通常分为以下两种。

#### 1. 首末端切矢已知

利用第一段曲线方程[见式（3.12）]，求一阶导矢量，令参数 $u$=0，并注意条件 $V_1=P_1$，可以得到

$$3V_2=P_1'+3P_1 \tag{3.18}$$

同理，利用最后一段曲线方程[见式（3.16）]，求一阶导矢量，令参数 $u$=1，并注意条件 $V_{n+2}=P_n$，可以得到

$$3V_{n+1}=3P_n-P_n' \tag{3.19}$$

综合式（3.17）～式（3.19），可以得到根据给定的型值点计算控制顶点的方程组，即

$$\begin{bmatrix} 3 & 0 & & & & & \\ 1/4 & 7/12 & 1/6 & & & & \\ & 1/6 & 2/3 & 1/6 & & & \\ & & \ddots & \ddots & \ddots & & \\ & & & 1/6 & 2/3 & 1/6 & \\ & & & & 1/6 & 7/12 & 1/4 \\ & & & & & 0 & 3 \end{bmatrix} \begin{bmatrix} \boldsymbol{V}_2 \\ \boldsymbol{V}_3 \\ \boldsymbol{V}_4 \\ \vdots \\ \boldsymbol{V}_{n-1} \\ \boldsymbol{V}_n \\ \boldsymbol{V}_{n+1} \end{bmatrix} = \begin{bmatrix} \boldsymbol{P}_1' + 3\boldsymbol{P}_1 \\ \boldsymbol{P}_2 \\ \boldsymbol{P}_3 \\ \vdots \\ \boldsymbol{P}_{n-2} \\ \boldsymbol{P}_{n-1} \\ 3\boldsymbol{P}_n - \boldsymbol{P}_n' \end{bmatrix} \quad (3.20)$$

**2. 两端为自由端点条件**

利用第一段曲线方程[见式（3.12）]，求二阶导矢量，参数 $u=0$，并令二阶导矢量等于 0，可以得到

$$9\boldsymbol{V}_2 - 3\boldsymbol{V}_2 = 6\boldsymbol{P}_1 \quad (3.21)$$

同理，利用最后一段曲线方程[见式（3.16）]，求二阶导矢量，令参数 $u=1$，并令二阶导矢量等于 0，可以得到

$$-3\boldsymbol{V}_n + 9\boldsymbol{V}_{n+1} = 6\boldsymbol{P}_n \quad (3.22)$$

可以获得计算控制顶点的方程组，即

$$\begin{bmatrix} 9 & -3 & & & & & \\ 1/4 & 7/12 & 1/6 & & & & \\ & 1/6 & 2/3 & 1/6 & & & \\ & & \ddots & \ddots & \ddots & & \\ & & & 1/6 & 2/3 & 1/6 & \\ & & & & 1/6 & 7/12 & 1/4 \\ & & & & & -3 & 9 \end{bmatrix} \begin{bmatrix} \boldsymbol{V}_2 \\ \boldsymbol{V}_3 \\ \boldsymbol{V}_4 \\ \vdots \\ \boldsymbol{V}_{n-1} \\ \boldsymbol{V}_n \\ \boldsymbol{V}_{n+1} \end{bmatrix} = \begin{bmatrix} 6\boldsymbol{P}_1 \\ \boldsymbol{P}_2 \\ \boldsymbol{P}_3 \\ \vdots \\ \boldsymbol{P}_{n-2} \\ \boldsymbol{P}_{n-1} \\ 6\boldsymbol{P}_n \end{bmatrix} \quad (3.23)$$

无论哪种端点条件，均有 $V_1 = P_1$ 及 $V_{n+2} = P_n$，则可以获得全部控制顶点。

## 3.3 直纹面叶片曲面的造型过程

### 3.3.1 叶轮的原始数据

已知某企业的整体三元叶轮，如表 3.2 所示，给出了叶片中性面上的轴盘和盖盘两条空间曲线的已知数据点，共 41 组数据，此数据包括轴盘和盖盘曲线上的一系列离散数据点及对应点的叶片厚度值。

表 3.2　叶片中性面部分坐标

| 编号 | 轴盘 X | 轴盘 Y | 轴盘 Z | 轴盘 R | 厚度 | 盖盘 X | 盖盘 Y | 盖盘 Z | 盖盘 R | 厚度 |
|---|---|---|---|---|---|---|---|---|---|---|
| 1 | −62.027 | 46.777 | 61.321 | 77.688 | 2.507 | −92.459 | 108.889 | 114.534 | 142.848 | 1.506 |
| 2 | −60.915 | 51.324 | 58.316 | 79.654 | 2.961 | −90.031 | 111.380 4 | 112.09 | 143.217 | 1.742 |
| 3 | −59.779 | 55.689 8 | 55.362 | 81.699 7 | 3.363 | −87.618 | 113.804 | 109.652 | 143.625 | 1.951 |
| 4 | −58.634 | 59.898 | 52.461 | 83.819 | 3.716 | −85.223 | 116.164 | 107.22 | 144.073 | 2.134 |
| 5 | −57.486 | 63.976 | 49.615 | 86.009 3 | 4.024 | −82.856 | 118.48 | 104.8 | 144.577 | 2.296 |
| 6 | −56.342 | 67.948 | 46.823 | 88.268 | 4.293 | −80.521 | 120.759 | 102.393 | 145.143 | 2.437 |
| 7 | −55.204 | 71.834 | 44.088 | 90.596 | 4.526 | −78.217 | 123.001 | 100 | 145.764 | 2.562 |
| 8 | −54.073 | 75.652 | 41.409 8 | 92.989 | 4.728 | −75.945 | 125.205 | 97.622 | 146.438 | 2.672 |
| ⋮ | ⋮ | ⋮ | ⋮ | ⋮ | ⋮ | ⋮ | ⋮ | ⋮ | ⋮ | ⋮ |
| 34 | −17.946 | 173.873 | 1.304 | 174.797 | 5.326 | −31.292 | 180.688 | 47.457 | 183.378 | 3.319 |
| 35 | −15.734 | 177.685 | 0.954 7 | 178.381 | 5.224 | −29.805 | 183.248 | 46.495 | 185.656 | 3.306 |
| 36 | −13.415 | 181.476 | 0.665 8 | 181.971 | 5.105 | −28.277 | 185.835 | 45.634 | 187.974 | 3.291 |
| 37 | −10.983 | 185.241 | 0.435 6 | 185.566 | 4.969 | −26.704 | 188.442 | 44.868 | 190.325 | 3.275 |
| 38 | −8.418 7 | 188.997 | 0.261 3 | 189.185 | 4.814 | −25.08 | 191.065 | 44.196 | 192.704 | 3.257 |
| 39 | −5.744 | 192.702 | 0.139 6 | 192.788 | 4.636 | −23.404 | 193.697 | 43.612 | 195.106 | 3.237 |
| 40 | −2.943 1 | 196.369 | 0.070 22 | 196.391 | 4.435 | −21.671 | 196.335 | 43.110 2 | 197.528 | 3.215 |
| 41 | 0 | 200 | 0 | 200 | 4.208 | −19.884 | 198.972 | 42.667 | 200 | 3.191 |

## 3.3.2　叶轮叶片曲面的造型过程

### 1. 叶片曲面的造型流程

根据图纸所给出的叶片中性面上的轴盘和盖盘曲线上的离散数据点来生成曲线，显然属于反算问题，即 B 样条曲线的插值问题，其过程如下：首先，采用三次 B 样条曲线对叶轮中性面上轴盘和盖盘曲线的两组离散数据点进行插值，得到轴盘曲线和盖盘曲线，将曲线上相对应的点相连，得到直纹面形式的叶轮中性面；其次，由于叶片中性面上轴盘和盖盘曲线上每一点的厚度是不同的，需要计算出中性面上各型值点处轴盘曲线和盖盘曲线的单位法向量，然后根据已知的叶片厚度将轴盘、盖盘上各点沿正、负法线方向偏移半个叶片厚度，便可得到叶片曲面边界上的数据点，对此离散数据点应用三次 B 样条插值，反算出控制顶点，确定变距偏置曲线；最后，将叶片的轴盘侧与盖盘侧两偏置

曲线相对应的边界数据点相连，得到直纹面形式的叶片曲面。其造型的流程如图 3.2 所示。

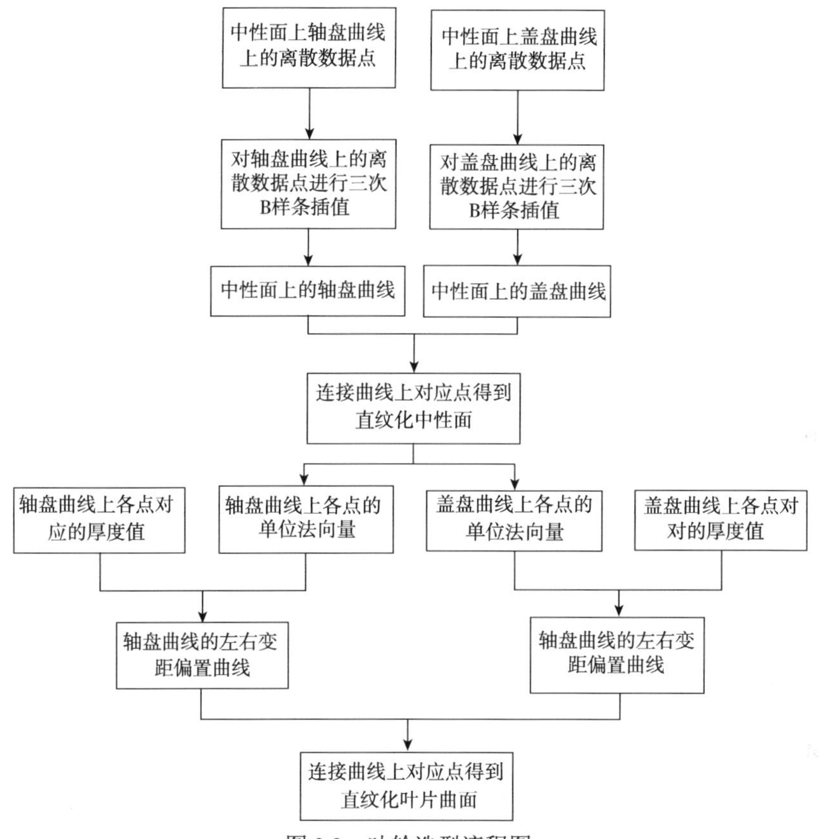


图 3.2　叶轮造型流程图

**2. 叶片中性面的构建**

利用前文所述的四重节点的 3 次准均匀 B 样条方法，可将插值曲线统一描述为

$$\boldsymbol{P}_i(u)=f_{i1}\boldsymbol{V}_i+f_{i2}\boldsymbol{V}_{i+1}+f_{i3}\boldsymbol{V}_{i+2}+f_{i4}\boldsymbol{V}_{i+3}\qquad(i=1,2,\cdots,n-1)\tag{3.24}$$

式中，$f_{i1}$、$f_{i2}$、$f_{i3}$、$f_{i4}$ 为基函数，可根据式（3.12）～式（3.16）或表 3.1 确定。端点条件采用自由端点条件，即计算 $n$+2 个控制顶点需要用到的公式为式（3.23），该方程可利用追赶法[2]进行求解。

针对表中具体的叶片数据，设轴盘上的型值点用 $\boldsymbol{P}_i^{(1)}$ $(x_i,y_i,z_i)$（$i=1,2,\cdots,n$，这里 $n$=41）表示，$x_i$、$y_i$、$z_i$ 为 $\boldsymbol{P}_i^{(1)}$ 点的直角坐标值，可以求得控制顶点为 $\boldsymbol{V}_i^{(1)}$ $(i=1,2,\cdots,n+2)$，这样就可以获得叶片中性面轴盘的插值曲线，即

$$\begin{aligned} \boldsymbol{r}^{(1)} &= \boldsymbol{r}^{(1)}(i;u) \\ &= f_{i1}\boldsymbol{V}_i^{(1)} + f_{i2}\boldsymbol{V}_{i+1}^{(1)} + f_{i3}\boldsymbol{V}_{i+2}^{(1)} + f_{i4}\boldsymbol{V}_{i+3}^{(1)} \quad u \in [0,1]\ (i = 1,2,\cdots,n-1) \end{aligned} \tag{3.25}$$

同理，设盖盘上的型值点用 $\boldsymbol{P}_i^{(2)}\ (x_i, y_i, z_i)$（$i = 1,2,\cdots,n$，这里 $n$=41）表示，$x_i$、$y_i$、$z_i$ 为 $\boldsymbol{P}_i^{(2)}$ 点的直角坐标值，可以求得控制顶点为 $\boldsymbol{V}_i^{(2)}$ ($i$=1,2,⋯,$n$+2)，这样就可以获得叶片中性面盖盘的插值曲线，即

$$\begin{aligned} \boldsymbol{r}^{(2)} &= \boldsymbol{r}^{(2)}(i;u) \\ &= f_{i1}\boldsymbol{V}_i^{(2)} + f_{i2}\boldsymbol{V}_{i+1}^{(2)} + f_{i3}\boldsymbol{V}_{i+2}^{(2)} + f_{i4}\boldsymbol{V}_{i+3}^{(2)} \quad u \in [0,1]\ (i = 1,2,\cdots,n-1) \end{aligned} \tag{3.26}$$

将轴盘曲线与盖盘曲线的相同参数（$i$、$u$）的点相连，则可以获得叶片的中性面的直纹面形式的方程，即

$$\boldsymbol{r}_{\mathrm{m}} = \boldsymbol{r}_{\mathrm{m}}(i;u,v) = \boldsymbol{r}^{(1)} + v\frac{\boldsymbol{r}^{(2)} - \boldsymbol{r}^{(1)}}{|\boldsymbol{r}^{(2)} - \boldsymbol{r}^{(1)}|} \tag{3.27a}$$

式中，$v$为直母线方向的参数，$v \in [0,|\boldsymbol{r}^{(2)} - \boldsymbol{r}^{(1)}|]$。或写为

$$\boldsymbol{r}_{\mathrm{m}} = \boldsymbol{r}_{\mathrm{m}}(i;u,v) = (1-v)\boldsymbol{r}^{(1)} + v\boldsymbol{r}^{(2)} \tag{3.27b}$$

式中，$v$ 为直母线方向的参数，$v \in [0,1]$。

### 3. 叶片曲面的生成

叶片曲面的生成过程如图 3.3 所示。

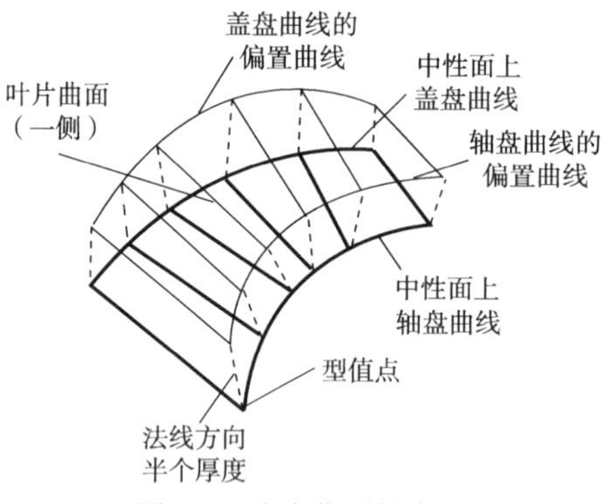


图 3.3　叶片曲面的生成

利用式（3.27），分别对 $u$、$v$ 求偏导数，并做叉乘积运算，可求得该直纹面的法矢以及单位法矢，即

$$\boldsymbol{N}_{\mathrm{m}} = \boldsymbol{r}_{\mathrm{m}u} \times \boldsymbol{r}_{\mathrm{m}v} \tag{3.28a}$$

$$\boldsymbol{n}_{\mathrm{m}} = \frac{\boldsymbol{N}_{\mathrm{m}}}{|\boldsymbol{N}_{\mathrm{m}}|} \tag{3.28b}$$

此处最关心的是型值点处的法矢信息，利用式（3.27a），令参数 $v$=0（$i$=1，2，…，$n$−1），$u$=0，根据式（3.28b）可获得叶片中性面前 $n$−1 个型值点 $\boldsymbol{P}_i^{(1)}$ 处的单位法矢 $\boldsymbol{n}_{\mathrm{m}i}^{(1)}\ (i=1,2,\cdots,n-1)$；保持参数 $v$=0 不变，令 $i$=$n$−1，$u$=1，则可获得第 $n$ 个也是最后一个型值点 $\boldsymbol{P}_n^{(1)}$ 处的单位法矢 $\boldsymbol{n}_{\mathrm{m}n}^{(1)}$。具体可先计算 $u$ 方向的切矢，计算过程如下：

（1）第一段曲线为

$$\boldsymbol{r}_{\mathrm{mu}1}=\frac{\partial \boldsymbol{P}_1^{(1)}}{\partial u}=3(\boldsymbol{V}_2-\boldsymbol{V}_1) \tag{3.29}$$

（2）第二段曲线为

$$\boldsymbol{r}_{\mathrm{mu}2}=\frac{\partial \boldsymbol{P}_2^{(1)}}{\partial u}=-0.75\boldsymbol{V}_2+0.25\boldsymbol{V}_3+0.5\boldsymbol{V}_4 \tag{3.30}$$

（3）第 3 至第 $n$−3 段曲线为

$$\boldsymbol{r}_{\mathrm{mu}i}=\frac{\partial \boldsymbol{P}_i^{(1)}}{\partial u}=-0.5\boldsymbol{V}_i+0.5\boldsymbol{V}_{i+2}\ \text{（}\ i=3,4,\cdots,n-3\ \text{）} \tag{3.31}$$

（4）第 $n$−2 段曲线为

$$\boldsymbol{r}_{\mathrm{mu},n-2}=\frac{\partial \boldsymbol{P}_{n-2}^{(1)}}{\partial u}=-0.5\boldsymbol{V}_{n-2}+0.5\boldsymbol{V}_n \tag{3.32}$$

（5）最后一段曲线为

$$\boldsymbol{r}_{\mathrm{mu},n-1}=\frac{\partial \boldsymbol{P}_{n-1}^{(1)}}{\partial u}=-0.5\boldsymbol{V}_{n-1}-0.25\boldsymbol{V}_n+0.75\boldsymbol{V}_{n+1} \tag{3.33}$$

$$\boldsymbol{r}_{\mathrm{mu},n}=\frac{\partial \boldsymbol{P}_n^{(1)}}{\partial u}=-3\boldsymbol{V}_{n+1}+3\boldsymbol{V}_{n+2} \tag{3.34}$$

而$v$方向的切矢为

$$\boldsymbol{r}_{\mathrm{mv}i}=\frac{\partial \boldsymbol{P}_i^{(1)}}{\partial v}=\frac{\boldsymbol{r}^{(2)}-\boldsymbol{r}^{(1)}}{|\boldsymbol{r}^{(2)}-\boldsymbol{r}^{(1)}|}\ (i=1,2,\cdots,n) \tag{3.35}$$

将各点的两方向的切矢代入式（3.28）便可以求得法矢及单位法矢。

类似的方法可以获得型值点 $\boldsymbol{P}_i^{(2)}$ 处的单位法矢 $\boldsymbol{n}_{\mathrm{m}i}^{(2)}\ (i=1,2,\cdots,n)$。则轴盘曲线左侧偏置曲线的型值点为

$$\boldsymbol{P}_{\mathrm{l}i}^{(1)}=\boldsymbol{P}_i^{(1)}+0.5\delta h_i^{(1)}\boldsymbol{n}_{\mathrm{m}i}^{(1)}\quad (i=1,2,\cdots,n) \tag{3.36}$$

轴盘曲线右侧偏置曲线的型值点为

$$\boldsymbol{P}_{\mathrm{r}i}^{(1)}=\boldsymbol{P}_i^{(1)}-0.5\delta h_i^{(1)}\boldsymbol{n}_{\mathrm{m}i}^{(1)}\quad (i=1,2,\cdots,n) \tag{3.37}$$

式中，$\delta h_i^{(1)}$ 为对应型值点 $\boldsymbol{P}_i^{(1)}$ 处叶片厚度。

同理，盖盘曲线左侧偏置曲线的型值点为

$$\boldsymbol{P}_{li}^{(2)} = \boldsymbol{P}_i^{(2)} + 0.5\delta h_i^{(2)}\boldsymbol{n}_{mi}^{(2)} \quad (i=1,2,\cdots,n) \tag{3.38}$$

则盖盘曲线右侧偏置曲线的型值点为

$$\boldsymbol{P}_{ri}^{(2)} = \boldsymbol{P}_i^{(2)} - 0.5\delta h_i^{(2)}\boldsymbol{n}_{mi}^{(2)} \quad (i=1,2,\cdots,n) \tag{3.39}$$

式中，$\delta h_i^{(2)}$ 为对应型值点 $\boldsymbol{P}_i^{(2)}$ 处叶片厚度。

同样利用三次准均匀 B 样条曲线插值方法，可求得型值点列 $\boldsymbol{P}_{li}^{(1)}$ $(i=1,2,\cdots,n)$ 的控制顶点 $\boldsymbol{V}_{li}^{(1)}$ $(i=1,2,\cdots,n+2)$、型值点列 $\boldsymbol{P}_{ri}^{(1)}$ $(i=1,2,\cdots,n)$ 的控制顶点 $\boldsymbol{V}_{ri}^{(1)}$ $(i=1,2,\cdots,n+2)$ 和 $\boldsymbol{P}_{li}^{(2)}$ $(i=1,2,\cdots,n)$ 的控制顶点 $\boldsymbol{V}_{li}^{(2)}$ $(i=1,2,\cdots,n+2)$、型值点列 $\boldsymbol{P}_{ri}^{(2)}$ $(i=1,2,\cdots,n)$ 的控制顶点 $\boldsymbol{V}_{ri}^{(2)}$ $(i=1,2,\cdots,n+2)$，于是，轴盘左侧、盖盘左侧以及轴盘右侧、盖盘右侧的四组偏置曲线均可以获得，分别为

$$\begin{aligned}\boldsymbol{r}_l^{(1)} &= \boldsymbol{r}_l^{(1)}(i;u)\\ &= f_{i1}\boldsymbol{V}_{li}^{(1)} + f_{i2}\boldsymbol{V}_{l,i+1}^{(1)} + f_{i3}\boldsymbol{V}_{l,i+2}^{(1)} + f_{i4}\boldsymbol{V}_{l,i+3}^{(1)} \quad u\in[0,1](i=1,2,\cdots,n-1)\end{aligned} \tag{3.40}$$

$$\begin{aligned}\boldsymbol{r}_l^{(2)} &= \boldsymbol{r}_l^{(2)}(i;u)\\ &= f_{i1}\boldsymbol{V}_{li}^{(2)} + f_{i2}\boldsymbol{V}_{l,i+1}^{(2)} + f_{i3}\boldsymbol{V}_{l,i+2}^{(2)} + f_{i4}\boldsymbol{V}_{l,i+3}^{(2)} \quad u\in[0,1](i=1,2,\cdots,n-1)\end{aligned} \tag{3.41}$$

$$\begin{aligned}\boldsymbol{r}_r^{(1)} &= \boldsymbol{r}_r^{(1)}(i;u)\\ &= f_{i1}\boldsymbol{V}_{ri}^{(1)} + f_{i2}\boldsymbol{V}_{r,i+1}^{(1)} + f_{i3}\boldsymbol{V}_{r,i+2}^{(1)} + f_{i4}\boldsymbol{V}_{r,i+3}^{(1)} \quad u\in[0,1](i=1,2,\cdots,n-1)\end{aligned} \tag{3.42}$$

$$\begin{aligned}\boldsymbol{r}_r^{(2)} &= \boldsymbol{r}_r^{(2)}(i;u)\\ &= f_{i1}\boldsymbol{V}_{ri}^{(2)} + f_{i2}\boldsymbol{V}_{r,i+1}^{(2)} + f_{i3}\boldsymbol{V}_{r,i+2}^{(2)} + f_{i4}\boldsymbol{V}_{r,i+3}^{(2)} \quad u\in[0,1](i=1,2,\cdots,n-1)\end{aligned} \tag{3.43}$$

则叶片左侧曲面的方程表示如下：

$$\boldsymbol{r}_l = \boldsymbol{r}_l(i;u,v) = \boldsymbol{r}_l^{(1)} + v\frac{\boldsymbol{r}_l^{(2)} - \boldsymbol{r}_l^{(1)}}{|\boldsymbol{r}_l^{(2)} - \boldsymbol{r}_l^{(1)}|} \tag{3.44a}$$

式中，$v$为直母线方向的参数，$v\in[0,|\boldsymbol{r}_l^{(2)} - \boldsymbol{r}_l^{(1)}|]$。或写为

$$\boldsymbol{r}_l = \boldsymbol{r}_l(i;u,v) = (1-v)\boldsymbol{r}_l^{(1)} + v\boldsymbol{r}_l^{(2)} \tag{3.44b}$$

其中，$v$为直母线方向的参数，$v\in[0,1]$。

叶片右侧曲面的方程表示如下：

$$\boldsymbol{r}_r = \boldsymbol{r}_r(i;u,v) = \boldsymbol{r}_r^{(1)} + v\frac{\boldsymbol{r}_r^{(2)} - \boldsymbol{r}_r^{(1)}}{|\boldsymbol{r}_r^{(2)} - \boldsymbol{r}_r^{(1)}|} \tag{3.45a}$$

式中，$v$为直母线方向的参数，$v\in[0,|\boldsymbol{r}_r^{(2)} - \boldsymbol{r}_r^{(1)}|]$。或写为

$$\boldsymbol{r}_{\mathrm{r}} = \boldsymbol{r}_{\mathrm{r}}(i;u,v) = (1-v)\boldsymbol{r}_{\mathrm{r}}^{(1)} + v\boldsymbol{r}_{\mathrm{r}}^{(2)} \tag{3.45b}$$

式中，$v$为直母线方向的参数，$v\in[0,1]$。

### 4. 计算结果

下面给出叶片左侧曲面轴盘一端与盖盘一端的型值点的计算结果（部分）以及三次准均匀 B 样条曲线控制顶点的计算结果（部分），如表 3.3 和表 3.4 所示。叶片右侧曲面与之类似，不再赘述。

**表 3.3　叶片左侧曲面上型值点的坐标**　　单位：mm

| 型值点的序号 | 轴盘侧 | 盖盘侧 |
|---|---|---|
| 1 | （−63.153，46.691，60.777） | （−93.041，109.001，114.070） |
| 2 | （−62.252，51.240，57.686） | （−90.709，111.524，111.562） |
| 3 | （−61.305，55.616，54.659） | （−88.382，113.981，109.071） |
| 4 | （−60.328，59.839，51.699） | （−86.063，116.374，106.597） |
| 5 | （−59.329，63.936，48.808） | （−83.766，118.721，104.143） |
| 6 | （−58.317，67.929，45.981） | （−81.493，121.032，101.711） |
| ⋮ | ⋮ | ⋮ |
| 36 | （−15.490，182.724，−0.141） | （−29.682，186.508，45.104） |
| 37 | （−12.964，186.514，−0.357） | （−28.085，189.138，44.329） |
| 38 | （−10.298，190.286，−0.512） | （−26.434，191.785，43.648） |
| 39 | （−7.515，193.996，−0.609） | （−24.730，194.440，43.056） |
| 40 | （−4.595，197.662，−0.648） | （−22.967，197.102，42.547） |
| 41 | （−1.543，201.253，−0.689） | （−21.156，199.745，42.093） |

**表 3.4　叶片左侧曲面边界曲线控制顶点的坐标**　　单位：mm

| 型值点的序号 | 轴盘侧 | 盖盘侧 |
|---|---|---|
| 1 | （−63.153，46.691，60.777） | （−63.153，46.691，60.777） |
| 2 | （−62.856，48.220，59.742） | （−62.856，48.220，59.742） |
| 3 | （−62.263，51.277，57.673） | （−62.263，51.277，57.673） |

续表

| 型值点的序号 | 轴盘侧 | 盖盘侧 |
| --- | --- | --- |
| 4 | (-61.308，55.640，54.648) | (-61.308，55.640，54.648) |
| 5 | (-60.332，59.860，51.688) | (-60.332，59.860，51.688) |
| 6 | (-59.330，63.953，48.797) | (-59.330，63.953，48.797) |
| ⋮ | ⋮ | ⋮ |
| 38 | (-12.990，186.513，-0.367) | (-28.094，189.134，44.313) |
| 39 | (-10.316，190.301，-0.521) | (-26.443，191.784，43.634) |
| 40 | (-7.538，193.999，-0.623) | (-24.741，194.437，43.042) |
| 41 | (-4.623，197.680，-0.643) | (-22.976，197.108，42.537) |
| 42 | (-2.570，200.062，-0.674) | (-21.762，198.866，42.241) |
| 43 | (-1.543，201.253，-0.689) | (-21.156，199.745，42.093) |

根据上述数据，利用 UG 软件得到的叶轮叶片的造型结果[3]如图 3.4 和图 3.5 所示。

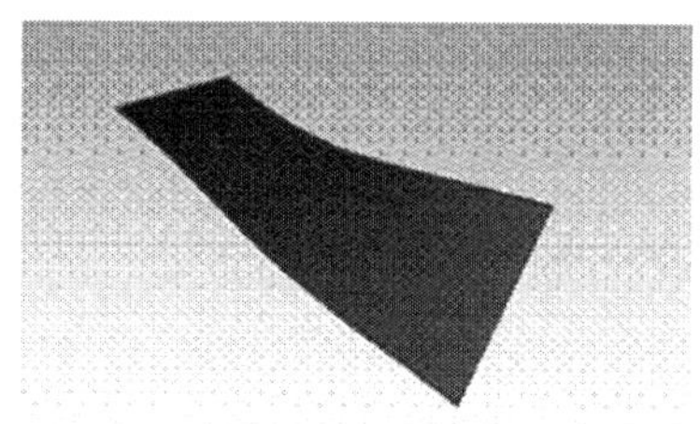

图 3.4　叶片曲面

图 3.5　叶轮实体模型

## 3.4　本章小结

本章介绍了三次均匀 B 样条曲线的表达式，四重节点的三次准均匀 B 样条曲线的方程与主要几何性质，介绍了求解插值 B 样条曲线控制顶点的基本方程组、端点条件。给出具体叶轮叶片的原始数据，针对原始数据，详细阐述了叶片直纹面的构造过程。该叶片曲面构成了后续研究的主要实例载体。

### 参 考 文 献

[1] 朱心雄. 自由曲线曲面造型技术. 北京：科学出版社，2000.

[2] 徐士良. C 常用算法程序集. 北京：清华大学出版社，1996.

[3] 阎长罡，贾国高. 基于 UGNX4.0 的整体叶轮曲面造型. 大连交通大学学报，2009，30(5)：6-10.

# 第 4 章 侧铣加工刀位规划的传统方法

本章将介绍侧铣加工刀位规划的一些方法，如专门用于圆柱刀的基于误差转换原理的刀位生成方法；圆锥刀的两点调整刀位生成法；既适用于圆锥刀又适用于圆柱刀的“强制”瞬时线接触的最小二乘刀位生成法。最后将绕开具体的刀具类型，讨论非可展直纹面可展化处理以便于刀位生成的思路与实现过程。为了与后续的基于组合优化或者智能优化的方法相区别，将本章的方法统称为“传统方法”。

## 4.1 圆柱刀侧铣加工的刀位规划方法

### 4.1.1 圆柱刀侧铣加工的误差转换原理

从几何学上讲，不同刀位下刀具面族的包络面形成了实际上的加工曲面，研究侧铣加工的加工精度问题，就是研究包络面与设计曲面或理想曲面的逼近问题，加工误差由设计曲面与刀具面族的包络面之间的法向误差来度量。宫虎[1]在研究圆柱刀整体法侧铣加工时，将已知曲面（设计曲面）称为理想要素，带有误差的曲面（实际加工曲面）称为实际要素，证明了如下结果：已知实际要素和理想要素在已知域上的误差，其在等距映射下保持不变。如图 4.1 所示，刀轴轨迹面为刀具包络面的等距面，等距距离为 $r$，$r$ 为圆柱刀半径，在刀轴轨迹面一侧做设计曲面的等距面，于是，圆柱刀刀具包络面逼近设计曲面的问题就等价于刀轴轨迹面与设计曲面等距面的逼近问题，这样就使问题的研究得到简化。据此，后文计算叶片曲面的加工误差只需计算圆柱刀轴轨迹面上诸点至叶片曲面等距面的距离即可。

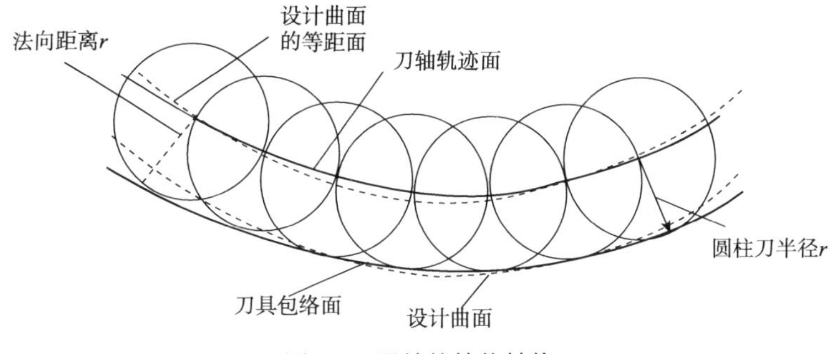

图 4.1　误差的等价转换

### 4.1.2　两点偏置法确定初始刀位

为描述方便，叶片轴盘侧（根部）曲线的型值点用 $\boldsymbol{P}_i^{(1)}$ $(i=1,2,\cdots,n)$ 表示，盖盘侧（顶部）曲线的型值点用 $\boldsymbol{P}_i^{(2)}$ $(i=1,2,\cdots,n)$ 表示，控制顶点分别用 $\boldsymbol{V}_j^{(1)}$、$\boldsymbol{V}_j^{(2)}$ $(j=1,2,\cdots,n+1,n+2)$ 表示。

对于叶片第 $i\,(i=1,2,\cdots,n-1)$ 段根部曲线和顶部曲线，则分别有曲线方程：

$$\boldsymbol{r}_i^{(1)} = f_{i1}\boldsymbol{V}_i^{(1)} + f_{i2}\boldsymbol{V}_{i+1}^{(1)} + f_{i3}\boldsymbol{V}_{i+2}^{(1)} + f_{i4}\boldsymbol{V}_{i+3}^{(1)} \tag{4.1}$$

$$\boldsymbol{r}_i^{(2)} = f_{i1}\boldsymbol{V}_i^{(2)} + f_{i2}\boldsymbol{V}_{i+1}^{(2)} + f_{i3}\boldsymbol{V}_{i+2}^{(2)} + f_{i4}\boldsymbol{V}_{i+3}^{(2)} \tag{4.2}$$

式中，$f_{i1}$、$f_{i2}$、$f_{i3}$、$f_{i4}$ 为第 $i$ 段曲线的非均匀 B 样条基函数$(i=1,2,\cdots,n-1)$，是参数 $u$ 的函数，$u\in[0,1]$。

则由第 $i$ 段根部曲线和顶部曲线以及两端的直母线围成的第 $i$ 段曲面片方程为

$$\boldsymbol{R}_i = \boldsymbol{r}_i^{(1)} + v\frac{\boldsymbol{r}_i^{(2)} - \boldsymbol{r}_i^{(1)}}{|\boldsymbol{r}_i^{(2)} - \boldsymbol{r}_i^{(1)}|} \tag{4.3}$$

上式为参数 $u$、$v$ 的函数，$u\in[0,1]$，$v\in[0,|\boldsymbol{r}_i^{(2)} - \boldsymbol{r}_i^{(1)}|]$。

初始刀位的确定步骤如下：

（1）将 $u$ 在 0～1 离散化$(u=u_1,u_2,\cdots,u_k)$；

（2）令 $u=u_1$，对应曲线 $\boldsymbol{r}_i^{(1)}$ 上的点为 $\boldsymbol{A}_{10}$，则可确定与之一一对应的法向等距点 $\boldsymbol{A}'_{10}$，其中等距距离为圆柱刀半径 $r$；

（3）令 $u=u_1$ 保持不变，对应曲线 $\boldsymbol{r}_i^{(2)}$ 上的点为 $\boldsymbol{B}_{10}$，同样可确定与 $\boldsymbol{B}_{10}$ 点对应的法向等距（距离为圆柱刀半径 $r$）点 $\boldsymbol{B}'_{10}$，连接 $\boldsymbol{A}'_{10}\boldsymbol{B}'_{10}$；

（4）令 $u$ 变化，分别取 $u=u_2,u_3,\cdots,u_k$，替换步骤（2）中的 $u$ 的原取值，

重复步骤（2）～步骤（3），便可得到$\boldsymbol{A}'_{20}\boldsymbol{B}'_{20}$、$\boldsymbol{A}'_{30}\boldsymbol{B}'_{30}$、…、$\boldsymbol{A}'_{k0}\boldsymbol{B}'_{k0}$，即生成所有刀位。

### 4.1.3 刀位的初步优化

刀位的初步优化是在两点偏置法获得初始刀位的基础上利用文献[1]的方法进行，初步优化刀位的步骤如下：

（1）令$u=u_1$，固定$\boldsymbol{A}'_{10}$不变，并记为$\boldsymbol{A}'_1$；

（2）让$u$在$u_1$邻域$[u_1-\delta,u_1+\delta]$内取一值$u=u_1+\mathrm{d}u_1$，对应曲线$\boldsymbol{r}_i^{(2)}$上的点为$\boldsymbol{B}$，可确定与$\boldsymbol{B}$点对应的法向等距（距离为圆柱刀半径$r$）点$\boldsymbol{B}'$，连接$\boldsymbol{A}'_1\boldsymbol{B}'$；

（3）计算直线$\boldsymbol{A}'_1\boldsymbol{B}'$上每点到曲面$\boldsymbol{R}_i$的距离$h$，以及该距离$h$与圆柱刀半径$r$的差值的绝对值$d=|h-r|$，并找出其中最大者$d_{\max}$；

（4）令$u$在$u_1$邻域$[u_1-\delta,u_1+\delta]$内变动，取一系列新值替换步骤（2）中的$u$的原取值，重复步骤（2）～步骤（3），可获得一系列直线$\boldsymbol{A}'_1\boldsymbol{B}'$组成的线族，以及对应的一系列$d_{\max}$，选取其中最小的$d_{\max}$，把此$d_{\max}$对应的点$\boldsymbol{B}'$记作$\boldsymbol{B}'_1$，$\boldsymbol{A}'_1\boldsymbol{B}'_1$作为刀轴矢量方向；

（5）令$u$变化，分别取$u=u_2,u_3,\cdots,u_k$，替换步骤（1）中的$u$的原取值，重复步骤（1）～步骤（4），便可得到$\boldsymbol{A}'_2\boldsymbol{B}'_2$、$\boldsymbol{A}'_3\boldsymbol{B}'_3$、…、$\boldsymbol{A}'_k\boldsymbol{B}'_k$，即生成所有刀位。

将获得的系列点$\boldsymbol{A}'_1$、$\boldsymbol{A}'_2$、…、$\boldsymbol{A}'_k$作为型值点，利用前面的方法可获得三次准均匀B样条曲线，控制顶点为$\boldsymbol{U}_j^{(1)}$（$j$=1,2,…,$k$+1,$k$+2）。

对于第$j$（$j$=1,2,…,$k$−1）段曲线，其方程可以描述为

$$\boldsymbol{q}_j^{(1)}=f_{j1}\boldsymbol{U}_j^{(1)}+f_{j2}\boldsymbol{U}_{j+1}^{(1)}+f_{j3}\boldsymbol{U}_{j+2}^{(1)}+f_{j4}\boldsymbol{U}_{j+3}^{(1)} \tag{4.4}$$

式中，$f_{j1}$、$f_{j2}$、$f_{j3}$、$f_{j4}$为第$j$段曲线的非均匀B样条基函数（$j$=1,2,…,$k$−1），可设其为参数$u_q$的函数，$u_q\in[0,1]$。

同样，将$\boldsymbol{B}'_1$、$\boldsymbol{B}'_2$、…、$\boldsymbol{B}'_k$作为型值点亦可获得三次准均匀B样条曲线，其控制顶点用$\boldsymbol{U}_j^{(2)}$ $(j=1,2,\cdots,k+1,k+2)$表示。

对于第$j$（$j=1,2,\cdots,k-1$）段曲线，其方程可以描述为

$$\boldsymbol{q}_j^{(2)}=f_{j1}\boldsymbol{U}_j^{(2)}+f_{j2}\boldsymbol{U}_{j+1}^{(2)}+f_{j3}\boldsymbol{U}_{j+2}^{(2)}+f_{j4}\boldsymbol{U}_{j+3}^{(2)} \tag{4.5}$$

刀轴轨迹面显然为一直纹面，于是刀轴轨迹面第$j$段曲面片方程可以写为

$$\begin{aligned}\boldsymbol{Q}_j &= (1-v_{\mathrm{q}})\boldsymbol{q}_j^{(1)} + v_{\mathrm{q}}\boldsymbol{q}_j^{(2)} \\ &= (1-v_{\mathrm{q}})(f_{j1}\boldsymbol{U}_j^{(1)} + f_{j2}\boldsymbol{U}_{j+1}^{(1)} + f_{j3}\boldsymbol{U}_{j+2}^{(1)} + f_{j4}\boldsymbol{U}_{j+3}^{(1)}) \\ &\quad + v_{\mathrm{q}}(f_{j1}\boldsymbol{U}_j^{(2)} + f_{j2}\boldsymbol{U}_{j+1}^{(2)} + f_{j3}\boldsymbol{U}_{j+2}^{(2)} + f_{j4}\boldsymbol{U}_{j+3}^{(2)})\end{aligned} \tag{4.6}$$

式（4.6）为参数 $u_{\mathrm{q}}$ 、 $v_{\mathrm{q}}$ 的函数， $u_{\mathrm{q}} \in [0,1]$ ，此处 $v_{\mathrm{q}} \in [0,1]$ 。式（4.6）就是初步优化后的刀轴轨迹面的方程。

当然，式（4.4）～式（4.6）同样可以用来描述初始刀位形成的刀轴轨迹面，只是一侧的控制顶点不同。

叶片曲面片与其对应的刀轴轨迹面的参数对照关系如图 4.2 所示。

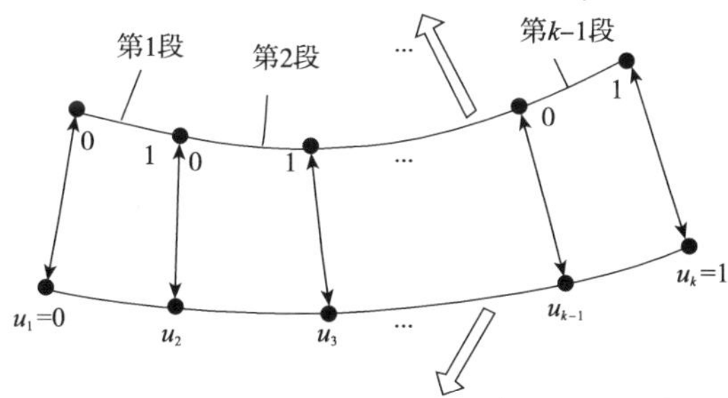


图 4.2　叶片曲面与刀轴轨迹面参数对应关系

可知有如下关系：

$$u = u_j + u_{\mathrm{q}}(u_{j+1} - u_j) \tag{4.7}$$

式中，$j=1,2,\cdots,k-1$,表示刀轴轨迹面上准线的某一段。

### 4.1.4　刀位的进一步优化

#### 1. 刀位优化的思路与基本方程组

刀位优化的目标是希望刀轴轨迹面能够进一步逼近叶片曲面的等距面，为实现该目标，采用的思路是令刀轴轨迹面通过（或贴近）一系列叶片曲面等距面上的点以实现两个曲面之间的逼近。为此，在刀轴轨迹面第 $j$ 段曲面片上选 $m$ 个点，即令（ $u_{\mathrm{q}},v_{\mathrm{q}}$ ）分别取值（ $u_{\mathrm{q}1},v_{\mathrm{q}1}$ ）、（ $u_{\mathrm{q}2},v_{\mathrm{q}2}$ ）、…、（ $u_{\mathrm{q}m},v_{\mathrm{q}m}$ ），做叶片曲面等距面的垂线，求得垂足点 $\boldsymbol{C}_{j1}$ 、 $\boldsymbol{C}_{j2}$ 、…、 $\boldsymbol{C}_{jm}$ 。调整刀轴轨迹面的控制顶点，以 $\boldsymbol{W}$ 点列替代式（4.6）中的 $\boldsymbol{U}$ 点列，即形成新的刀轴轨迹面，要求新的刀轴轨迹面通过该 $m$ 个垂足点，于是有

$$\begin{cases}(1-v_{q1})[f_{j1}(u_{q1})\boldsymbol{W}_j^{(1)}+f_{j2}(u_{q1})\boldsymbol{W}_{j+1}^{(1)}+f_{j3}(u_{q1})\boldsymbol{W}_{j+2}^{(1)}+f_{j4}(u_{q1})\boldsymbol{W}_{j+3}^{(1)}] \\ \qquad +v_{q1}[f_{j1}(u_{q1})\boldsymbol{W}_j^{(2)}+f_{j2}(u_{q1})\boldsymbol{W}_{j+1}^{(2)}+f_{j3}(u_{q1})\boldsymbol{W}_{j+2}^{(2)}+f_{j4}(u_{q1})\boldsymbol{W}_{j+3}^{(2)}]=\boldsymbol{C}_{j1} \\ (1-v_{q2})[f_{j1}(u_{q2})\boldsymbol{W}_j^{(1)}+f_{j2}(u_{q2})\boldsymbol{W}_{j+1}^{(1)}+f_{j3}(u_{q2})\boldsymbol{W}_{j+2}^{(1)}+f_{j4}(u_{q2})\boldsymbol{W}_{j+3}^{(1)}] \\ \qquad +v_{q2}[f_{j1}(u_{q2})\boldsymbol{W}_j^{(2)}+f_{j2}(u_{q2})\boldsymbol{W}_{j+1}^{(2)}+f_{j3}(u_{q2})\boldsymbol{W}_{j+2}^{(2)}+f_{j4}(u_{q2})\boldsymbol{W}_{j+3}^{(2)}]=\boldsymbol{C}_{j2} \\ \qquad \vdots \\ (1-v_{qm})[f_{j1}(u_{qm})\boldsymbol{W}_j^{(1)}+f_{j2}(u_{qm})\boldsymbol{W}_{j+1}^{(1)}+f_{j3}(u_{qm})\boldsymbol{W}_{j+2}^{(1)}+f_{j4}(u_{qm})\boldsymbol{W}_{j+3}^{(1)}] \\ \qquad +v_{qm}[f_{j1}(u_{qm})\boldsymbol{W}_j^{(2)}+f_{j2}(u_{qm})\boldsymbol{W}_{j+1}^{(2)}+f_{j3}(u_{qm})\boldsymbol{W}_{j+2}^{(2)}+f_{j4}(u_{qm})\boldsymbol{W}_{j+3}^{(2)}]=\boldsymbol{C}_{jm}\end{cases} \tag{4.8}$$

式中，$j=1,2,\cdots,k-1$。

式（4.8）为求解优化后刀轴面控制顶点的方程组，称为圆柱刀刀位优化的基本方程组[2, 3]。

## 2. 控制顶点的精确求解方案

曲线 $A'_1A'_2$ 和 $B'_1B'_2$ 围成刀轴轨迹面第一段曲面片，在第一段曲面片上令（$u_q,v_q$）分别取值（$u_{q1},v_{q1}$）、（$u_{q2},v_{q2}$）、…、（$u_{q8},v_{q8}$），共 8 个不同点，做叶片曲面等距面的垂线，求出垂足点 $\boldsymbol{C}_1$、$\boldsymbol{C}_2$、…、$\boldsymbol{C}_8$。令式（4.8）中的 $j=1$，则有

$$\begin{cases}(1-v_{q1})[f_{11}(u_{q1})\boldsymbol{W}_1^{(1)}+f_{12}(u_{q1})\boldsymbol{W}_2^{(1)}+f_{13}(u_{q1})\boldsymbol{W}_3^{(1)}+f_{14}(u_{q1})\boldsymbol{W}_4^{(1)}] \\ \qquad +v_{q1}[f_{11}(u_{q1})\boldsymbol{W}_1^{(2)}+f_{12}(u_{q1})\boldsymbol{W}_2^{(2)}+f_{13}(u_{q1})\boldsymbol{W}_3^{(2)}+f_{14}(u_{q1})\boldsymbol{W}_4^{(2)}]=\boldsymbol{C}_1 \\ (1-v_{q2})[f_{11}(u_{q2})\boldsymbol{W}_1^{(1)}+f_{12}(u_{q2})\boldsymbol{W}_2^{(1)}+f_{13}(u_{q2})\boldsymbol{W}_3^{(1)}+f_{14}(u_{q2})\boldsymbol{W}_4^{(1)}] \\ \qquad +v_{q2}[f_{11}(u_{q2})\boldsymbol{W}_1^{(2)}+f_{12}(u_{q2})\boldsymbol{W}_2^{(2)}+f_{13}(u_{q2})\boldsymbol{W}_3^{(2)}+f_{14}(u_{q2})\boldsymbol{W}_4^{(2)}]=\boldsymbol{C}_2 \\ \qquad \vdots \\ (1-v_{q8})[f_{11}(u_{q8})\boldsymbol{W}_1^{(1)}+f_{12}(u_{q8})\boldsymbol{W}_2^{(1)}+f_{13}(u_{q8})\boldsymbol{W}_3^{(1)}+f_{14}(u_{q8})\boldsymbol{W}_4^{(1)}] \\ \qquad +v_{q8}[f_{11}(u_{q8})\boldsymbol{W}_1^{(2)}+f_{12}(u_{q8})\boldsymbol{W}_2^{(2)}+f_{13}(u_{q8})\boldsymbol{W}_3^{(2)}+f_{14}(u_{q8})\boldsymbol{W}_4^{(2)}]=\boldsymbol{C}_8\end{cases} \tag{4.9}$$

此方程组包含 8 个矢量方程和 8 个矢量未知数，因此可获得精确解 $\boldsymbol{W}_1^{(1)}$、$\boldsymbol{W}_2^{(1)}$、$\boldsymbol{W}_3^{(1)}$、$\boldsymbol{W}_4^{(1)}$、$\boldsymbol{W}_1^{(2)}$、$\boldsymbol{W}_2^{(2)}$、$\boldsymbol{W}_3^{(2)}$、$\boldsymbol{W}_4^{(2)}$。针对第二段刀轴轴迹面再找两点（$u_{q9}$，$v_{q9}$）、（$u_{q10}$，$v_{q10}$），同样做叶片曲面等距面的垂线，得到垂足 $\boldsymbol{C}_9$、$\boldsymbol{C}_{10}$，又可获得如下方程：

$$\begin{cases}(1-v_{q9})[f_{21}(u_{q9})\boldsymbol{W}_2^{(1)}+f_{22}(u_{q9})\boldsymbol{W}_3^{(1)}+f_{23}(u_{q9})\boldsymbol{W}_4^{(1)}+f_{24}(u_{q9})\boldsymbol{W}_5^{(1)}] \\ \qquad +v_{q9}[f_{21}(u_{q9})\boldsymbol{W}_2^{(2)}+f_{22}(u_{q9})\boldsymbol{W}_3^{(2)}+f_{23}(u_{q9})\boldsymbol{W}_4^{(2)}+f_{24}(u_{q9})\boldsymbol{W}_5^{(2)}]=\boldsymbol{C}_9 \\ (1-v_{q10})[f_{21}(u_{q10})\boldsymbol{W}_2^{(1)}+f_{22}(u_{q10})\boldsymbol{W}_3^{(1)}+f_{23}(u_{q10})\boldsymbol{W}_4^{(1)}+f_{24}(u_{q10})\boldsymbol{W}_5^{(1)}] \\ \qquad +v_{q10}[f_{21}(u_{q10})\boldsymbol{W}_2^{(2)}+f_{22}(u_{q10})\boldsymbol{W}_3^{(2)}+f_{23}(u_{q10})\boldsymbol{W}_4^{(2)}+f_{24}(u_{q10})\boldsymbol{W}_5^{(2)}]=\boldsymbol{C}_{10}\end{cases} \tag{4.10}$$

式中有两个方程和两个未知数，因而可求出控制顶点$\boldsymbol{W}_5^{(1)}$、$\boldsymbol{W}_5^{(2)}$。然后在每段刀轴轨迹面曲面片上补充两点，便又得到两个控制顶点，以此类推，可获得全部控制顶点。这个方法可以精确求解优化后的控制顶点，但是仅第一段刀轴面的曲面片与叶片曲面等距面实现$m=8$点贴合，而其他各曲面段仅能实现两点贴合，因而有可能影响优化效果。

**3. 控制顶点的最小二乘求解方案**

式（4.8）中，设定对于所有$k-1$段曲面片，参数（$u_q$，$v_q$）的取值均保持不变，即都为（$u_{q1}$，$v_{q1}$）、（$u_{q2}$，$v_{q2}$）、…、（$u_{qm}$，$v_{qm}$）。当$j$分别取值 1，2、…、$k-1$时，式（4.8）由$m\times(k-1)$个矢量方程构成，包含$2(k+2)$个矢量未知数，即控制顶点$\boldsymbol{W}_1^{(1)}$、$\boldsymbol{W}_2^{(1)}$、…、$\boldsymbol{W}_{k+2}^{(1)}$及$\boldsymbol{W}_1^{(2)}$、$\boldsymbol{W}_2^{(2)}$、…、$\boldsymbol{W}_{k+2}^{(2)}$。为达到一定的逼近精度，通常$m\times(k-1)>2(k+2)$，即方程组为超定方程组，可利用求解线性最小二乘问题的豪斯荷尔德变换法[4]求解，求得控制顶点后，便得到了优化的刀轴轨迹面。

## 4.1.5　计算结果

取圆柱刀的直径为 10mm，以加工叶片曲面第 5 段曲面（左侧）为例。令$u$分别取值 0、0.2、0.4、0.6、0.8、1.0，即 4.1.2 小节中确定初始刀位的步骤（1）中的$k=6$，将叶片第 5 段曲面又细分为$k-1=5$段曲面片，对应$k-1=5$段初始刀轴面，采用控制顶点的最小二乘求解方案，每一段初始刀轴面片上均令$u_q$取 0.001、0.331、0.661、0.991，$v_q$取 0.10、0.90 共 8 种组合 8 个点，进行刀位优化。此时，方程组（4.8）包含 40 个矢量方程和 16 个矢量未知数。方程组中系数排列有一定的规律性，见表 4.1，其中“√”表示系数非零，“×”表示系数为零。

**表 4.1　方程组的系数排列形式**

| 刀轴曲面片编号 | $W_1^{(1)}$ | $W_2^{(1)}$ | $W_3^{(1)}$ | $W_4^{(1)}$ | $W_5^{(1)}$ | $W_6^{(1)}$ | $W_7^{(1)}$ | $W_8^{(1)}$ | $W_1^{(2)}$ | $W_2^{(2)}$ | $W_3^{(2)}$ | $W_4^{(2)}$ | $W_5^{(2)}$ | $W_6^{(2)}$ | $W_7^{(2)}$ | $W_8^{(2)}$ |
|---|---|---|---|---|---|---|---|---|---|---|---|---|---|---|---|---|
| 第1段曲面片8个方程 | √ | √ | √ | √ | × | × | × | × | √ | √ | √ | √ | × | × | × | × |
| | √ | √ | √ | √ | × | × | × | × | √ | √ | √ | √ | × | × | × | × |
| | ⋮ | ⋮ | ⋮ | ⋮ | ⋮ | ⋮ | ⋮ | ⋮ | ⋮ | ⋮ | ⋮ | ⋮ | ⋮ | ⋮ | ⋮ | ⋮ |
| 第2段曲面片8个方程 | × | √ | √ | √ | √ | × | × | × | × | √ | √ | √ | √ | × | × | × |
| | × | √ | √ | √ | √ | × | × | × | × | √ | √ | √ | √ | × | × | × |
| | ⋮ | ⋮ | ⋮ | ⋮ | ⋮ | ⋮ | ⋮ | ⋮ | ⋮ | ⋮ | ⋮ | ⋮ | ⋮ | ⋮ | ⋮ | ⋮ |
| 第3段曲面片8个方程 | × | × | √ | √ | √ | √ | × | × | × | × | √ | √ | √ | √ | × | × |
| | × | × | √ | √ | √ | √ | × | × | × | × | √ | √ | √ | √ | × | × |
| | ⋮ | ⋮ | ⋮ | ⋮ | ⋮ | ⋮ | ⋮ | ⋮ | ⋮ | ⋮ | ⋮ | ⋮ | ⋮ | ⋮ | ⋮ | ⋮ |
| 第4段曲面片8个方程 | × | × | × | √ | √ | √ | √ | × | × | × | × | √ | √ | √ | √ | × |
| | × | × | × | √ | √ | √ | √ | × | × | × | × | √ | √ | √ | √ | × |
| | ⋮ | ⋮ | ⋮ | ⋮ | ⋮ | ⋮ | ⋮ | ⋮ | ⋮ | ⋮ | ⋮ | ⋮ | ⋮ | ⋮ | ⋮ | ⋮ |
| 第5段曲面片8个方程 | × | × | × | × | √ | √ | √ | √ | × | × | × | × | √ | √ | √ | √ |
| | × | × | × | × | √ | √ | √ | √ | × | × | × | × | √ | √ | √ | √ |
| | ⋮ | ⋮ | ⋮ | ⋮ | ⋮ | ⋮ | ⋮ | ⋮ | ⋮ | ⋮ | ⋮ | ⋮ | ⋮ | ⋮ | ⋮ | ⋮ |

经计算可知，在叶片曲面的第一段区间间隔内（$u \in [0,0.2]$），加工误差最大，下面仅对此区间间隔给出具体的计算结果。图 4.3～图 4.5 分别为初始刀位、初步优化刀位以及进一步优化刀位后对应同一个参数 $u_q = 0.3$ 时的加工误差。可以发现，初步优化刀位可使初始刀位的加工误差减小，而进一步刀位优化的主要贡献是使误差的分布得到改善。

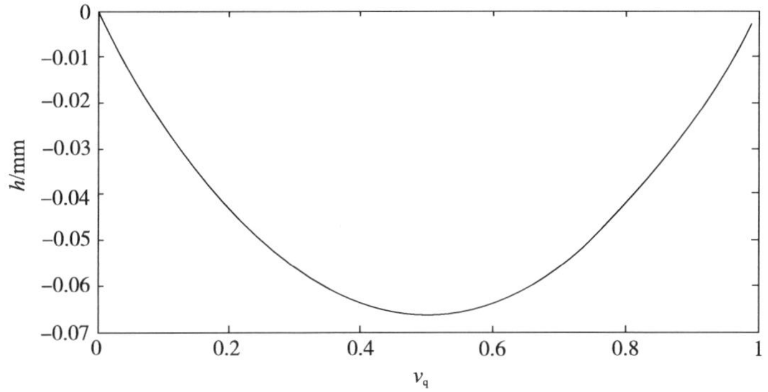

图 4.3　初始刀位的加工误差

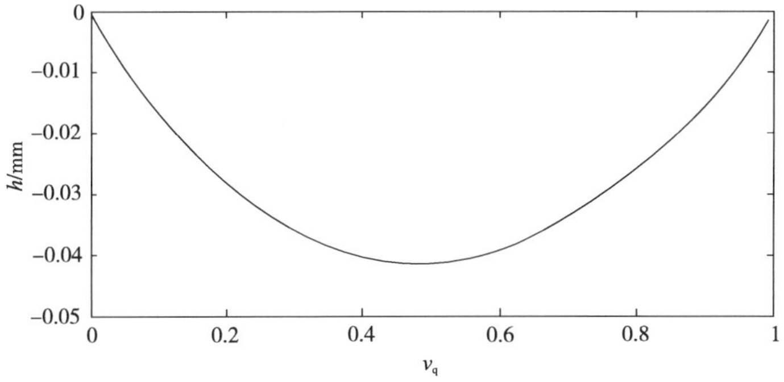

图 4.4　刀位初步优化后的加工误差

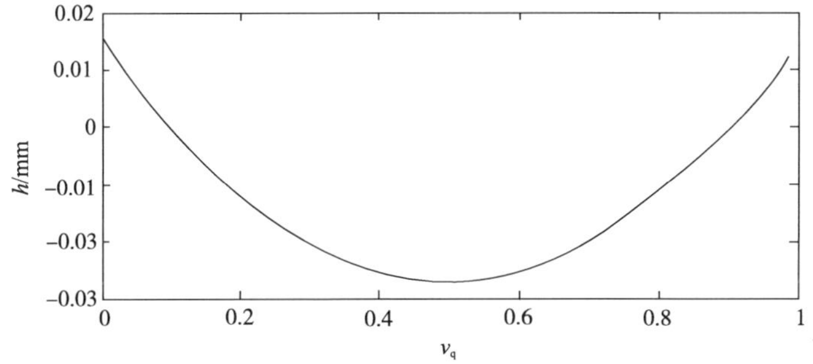

图 4.5　刀位进一步优化后的加工误差

优化前后的刀轴面控制顶点如表 4.2 所示。

表 4.2　优化前后刀轴面的控制顶点

| | 初始刀位 | 初步优化 | 进一步优化 |
|---|---|---|---|
| 一侧控制顶点 | (-62.966，67.827，44.146) | (-62.966，67.827，44.146) | (-62.988，67.826，44.137) |
| | (-62.900，68.094，43.962) | (-62.900，68.094，43.962) | (-62.913，68.094，43.957) |
| | (-62.766，68.630，43.596) | (-62.766，68.630，43.596) | (-62.763，68.630，43.597) |
| | (-62.566，69.429，43.048) | (-62.566，69.429，43.048) | (-62.569，69.429，43.047) |
| | (-62.365，70.227，42.503) | (-62.365，70.227，42.503) | (-62.366，70.227，42.502) |
| | (-62.162，71.022，41.960) | (-62.162，71.022，41.960) | (-62.164，71.022，41.959) |
| | (-62.026，71.551，41.599) | (-62.026，71.551，41.599) | (-62.028，71.551，41.598) |
| | (-61.958，71.815，41.419) | (-61.958，71.815，41.419) | (-61.960，71.815，41.418) |
| 另一侧控制顶点 | (-85.535，122.133，98.981) | (-85.535，122.133，98.981) | (-85.554，122.138，98.968) |
| | (-85.385，122.291，98.823) | (-85.565，122.101，99.013) | (-85.575，122.103，99.006) |
| | (-85.086，122.607，98.508) | (-85.626，122.036，99.077) | (-85.618，122.034，99.083) |
| | (-84.639，123.079，98.037) | (-85.033，122.663，98.452) | (-85.032，122.663，98.453) |
| | (-84.193，123.549，97.566) | (-84.625，123.094，98.022) | (-84.622，123.093，98.024) |
| | (-83.748，124.018，97.096) | (-84.169，123.575，97.540) | (-84.166，123.574，97.542) |
| | (-83.451，124.329，96.783) | (-83.873，123.886，97.229) | (-83.871，123.885，97.230) |
| | (-83.303，124.485，96.627) | (-83.726，124.041，97.073) | (-83.723，124.041，97.074) |

## 4.2　圆锥刀侧铣加工刀位规划的调整方法

### 4.2.1　两点偏置法确定初始刀位

确定刀轴位置就是确定刀轴基准点（小端圆心）在固定坐标系中的坐标和刀具轴线的矢量方向，确定刀轴位置时需要确保刀具小端能够可靠地加工叶片底部（轴盘曲线侧）。两点偏置法确定初始刀轴的流程如图 4.6 所示。

两点偏置法确定刀轴矢量的具体步骤如下，已知圆锥刀小端半径为 $r_c$、锥顶半角为 $\delta$。

（1）将 $u \in [0,1]$ 离散化（$u = u_1,\ u_2,\ \cdots,\ u_m$）；

（2）令参数 $v = 0$（在轴盘曲线上）、$u = u_1$，将该点记为 $\boldsymbol{P}_1$，利用叶片曲面公式计算在点 $\boldsymbol{P}_1$ 处的单位法矢 $\boldsymbol{n}_1$。

（3）由 $\boldsymbol{P}_1$ 沿法矢 $\boldsymbol{n}_1$ 方向延长 $r_1 = \dfrac{r_c}{\cos\delta}$ 至点 $\boldsymbol{Q}_1$，则 $\boldsymbol{Q}_1$ 为刀轴线上的第一点，即 $\boldsymbol{Q}_1 = \boldsymbol{P}_1 + r_1\boldsymbol{n}_1$。

（4）$u = u_1$ 不变，令 $v = v_1$，$v_1$ 为 $(0, |\boldsymbol{r}_1^{(2)} - \boldsymbol{r}_1^{(1)}|]$ 区间内的一个定值，即在同一条直母线上取另外一点，记为 $\boldsymbol{P}_2$，计算叶片曲面在该点处的单位法矢 $\boldsymbol{n}_2$。

（5）确定刀轴上第二点 $\boldsymbol{Q}_2$，方法如下：①由 $\boldsymbol{P}_2$ 点沿 $\boldsymbol{n}_2$ 方向延伸一初始距离 $r_{20}$，获得 $\boldsymbol{Q}_2$ 点的初始位置，记为 $\boldsymbol{Q}_{20}$，即 $\boldsymbol{Q}_{20} = \boldsymbol{P}_2 + r_{20}\boldsymbol{n}_2$；②计算距离

$r_{\text{axis}} = |\boldsymbol{Q}_{20} - \boldsymbol{Q}_1| = |\boldsymbol{Q}_1\boldsymbol{Q}_{20}|$ 及 $r_{21} = r_{\text{axis}} \sin\delta + \dfrac{r_c}{\cos\delta}$， $r_{21}$ 参考图 4.7 中的 $|\boldsymbol{P}_3\boldsymbol{Q}_2|$；③比较 $r_{20}$ 和 $r_{21}$，若 $|r_{21} - r_{20}| < \delta r$，$\delta r$ 为控制精度的正的小量，则计算结束，$\boldsymbol{Q}_{20}$ 即为要求的点 $\boldsymbol{Q}_2$，反之，令 $r_{20} = r_{21}$，转到步骤③，直至满足 $|r_{21} - r_{20}| < \delta r$。

（6）令 $u = u_2, u_3, \cdots, u_m$，重复步骤（2）～步骤（5），便可获得表征各自不同刀轴位置的一系列参考点 $\boldsymbol{Q}_1$、$\boldsymbol{Q}_2$。

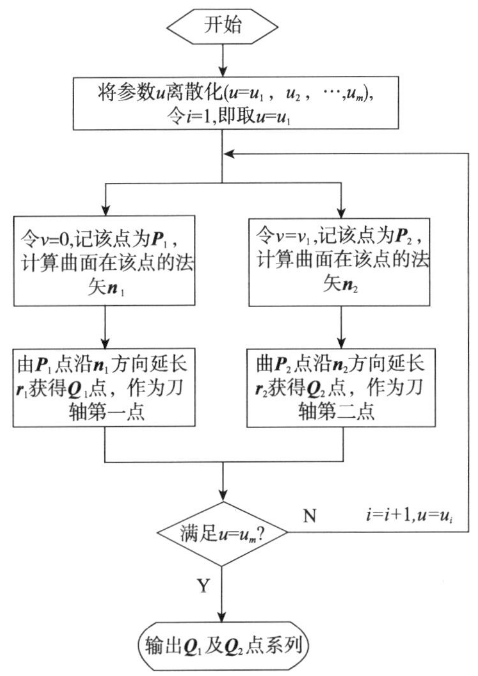


图 4.6　计算初始刀轴位置矢量流程

## 4.2.2　刀位优化的调整法

### 1. 圆锥面方程的建立

如图 4.7 所示，针对某一刀位，即 $u$ 取定值，建立与圆锥刀固联的运动坐标系 $\{\boldsymbol{O}_1, X_1Y_1Z_1\}$，三坐标轴对应的单位矢量分别为 $\boldsymbol{i}_1$、$\boldsymbol{j}_1$、$\boldsymbol{k}_1$，以圆锥刀的回转轴线作为 $Z_1$ 轴，其单位矢量为 $\boldsymbol{k}_1 = \dfrac{\boldsymbol{Q}_2 - \boldsymbol{Q}_1}{|\boldsymbol{Q}_2 - \boldsymbol{Q}_1|}$， $\boldsymbol{j}_1 = \dfrac{\boldsymbol{n}_1 \times \boldsymbol{k}_1}{|\boldsymbol{n}_1 \times \boldsymbol{k}_1|}$，式中 $\boldsymbol{n}_1$ 为叶片曲面上点 $\boldsymbol{P}_1$ 的单位法矢， $\boldsymbol{P}_1$ 的位置参数 $u$ 由式（4.7）确定，则另一单位矢量 $\boldsymbol{i}_1 = \boldsymbol{j}_1 \times \boldsymbol{k}_1$ 可定。运动坐标系的原点为 $\boldsymbol{O}_1 = \boldsymbol{Q}_1 - r_c \tan\delta \boldsymbol{k}_1$，则圆锥面在固定坐标系中的方程为

$$\boldsymbol{R}^{(1)} = \boldsymbol{O}_1 + (r_c + t\sin\delta)(\cos\alpha\boldsymbol{i}_1 + \sin\alpha\boldsymbol{j}_1) + t\cos\delta\boldsymbol{k}_1 \tag{4.11}$$

式中，$t$ 为圆锥面直母线方向的参数；$\alpha$ 为转角参数。

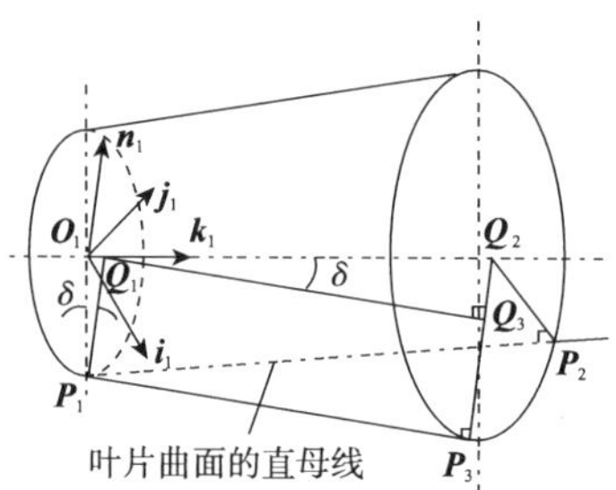


图 4.7　初始刀轴矢量的确定

**2. 圆锥刀加工误差模型的建立**

根据共轭曲面的数字仿真原理[5]，令叶片曲面沿直母线 $\boldsymbol{P}_1\boldsymbol{P}_2$ 每一点处按照法线方向发出标杆射线，该标杆射线被圆锥面截得的长度用 $h$ 表示，显然，各点的 $h$ 值表达了圆锥面在此处的加工误差（包络误差）。

设直母线 $\boldsymbol{P}_1\boldsymbol{P}_2$ 上任一点用 $\boldsymbol{P}$ 表示，该点处叶片曲面的单位法矢用 $\boldsymbol{n}$ 表示，则有

$$\boldsymbol{P} + h\boldsymbol{n} = \boldsymbol{O}_1 + (r_c + t\sin\delta)(\cos\alpha\boldsymbol{i}_1 + \sin\alpha\boldsymbol{j}_1) + t\cos\delta\boldsymbol{k}_1 \tag{4.12}$$

上式可分解得到三个标量方程，即

$$\begin{cases} P_x + hn_x = O_{1x} + (r_c + t\sin\delta)(\cos\alpha i_{1x} + \sin\alpha j_{1x}) + t\cos\delta k_{1x} \\ P_y + hn_y = O_{1y} + (r_c + t\sin\delta)(\cos\alpha i_{1y} + \sin\alpha j_{1y}) + t\cos\delta k_{1y} \\ P_z + hn_z = O_{1z} + (r_c + t\sin\delta)(\cos\alpha i_{1z} + \sin\alpha j_{1z}) + t\cos\delta k_{1z} \end{cases} \tag{4.13}$$

式中，$P_x$、$P_y$、$P_z$、$n_x$、$n_y$、$n_z$、$O_{1x}$、$O_{1y}$、$O_{1z}$、$i_{1x}$、$i_{1y}$、$i_{1z}$、$j_{1x}$、$j_{1y}$、$j_{1z}$、$k_{1x}$、$k_{1y}$、$k_{1z}$ 分别为矢量 $\boldsymbol{P}$、$\boldsymbol{n}$、$\boldsymbol{O}_1$、$\boldsymbol{i}_1$、$\boldsymbol{j}_1$、$\boldsymbol{k}_1$ 在固定坐标系三个坐标轴方向的分量。对于叶片曲面直母线上的确定点 $\boldsymbol{P}$，显然其坐标参量 $u$、$v$ 取定值，上面方程组只含有三个未知变量 $\alpha$、$t$、$h$，因而可解。

**3. 刀轴位置的调整优化**

前文提到，初始刀位由两点偏置法确定，并且需要确保小端能够可靠地加工叶片底部，因此刀轴小端的表征点 $\boldsymbol{Q}_1$ 不宜调整，但另一端点 $\boldsymbol{Q}_2$ 的位置可做适当变动，点 $\boldsymbol{Q}_2$ 位置的不同会引起不同的加工误差。

将叶片曲面的表达式（4.3）写成归一化的形式，即

$$\boldsymbol{R}_i = (1-v)\boldsymbol{r}_i^{(1)} + v\boldsymbol{r}_i^{(2)} \tag{4.14}$$

式中，$v\in[0,1]$。显然$\boldsymbol{Q}_1$点对应的参数$v=0$，而$\boldsymbol{Q}_2$点可取同一直母线上$v\in(0,1]$的任一参数来生成。仍以叶片曲面的第 5 段曲面片为例，刀具小端半径为$r_{\mathrm{c}}=5\,\mathrm{mm}$、锥顶半角$\delta=5^{\circ}$。图 4.8 为$u=0$位置，初始刀轴第二点$\boldsymbol{Q}_2$由$v=1$生成时计算得到的加工误差；图 4.9 为$u=0$位置，初始刀轴第二点$\boldsymbol{Q}_2$由$v=0.75$生成时计算得到的加工误差；图4.10为$u=0$位置，初始刀轴第二点$\boldsymbol{Q}_2$由$v=0.5$生成时计算得到的加工误差。$u$取参数域[0,1]内的其他数值时与之类似，不再赘述。

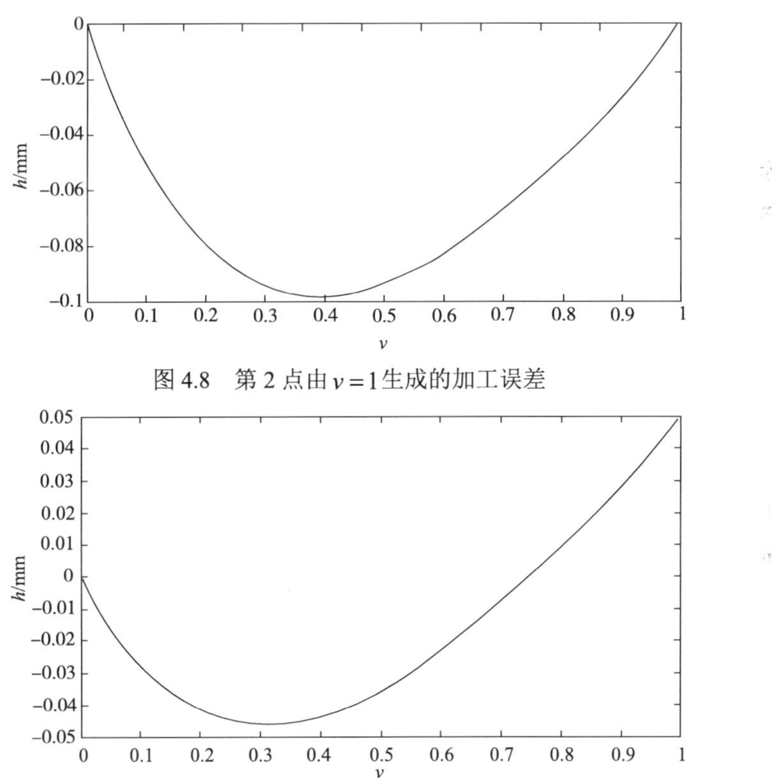


图 4.8　第 2 点由$v=1$生成的加工误差

图 4.9　第 2 点由$v=0.75$生成的加工误差

可以看出刀轴第二点由$v=0.75$生成时，最大误差约为$\pm0.05$。显然，这种刀具位置下的误差分布较其他两种方案明显得到均化和改善，因此将此方案作为刀轴矢量的优化方案。

针对第 5 段叶片曲面，参数$u$分别取值 0、0.2、0.4、0.6、0.8、1.0，按照此方案进行优化后的刀轴矢量如下：

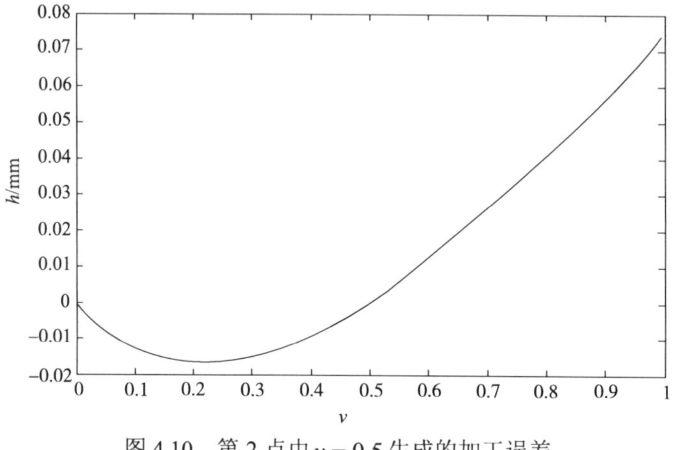


图 4.10　第 2 点由 $v=0.5$ 生成的加工误差

$u=0$：（−62.984，67.826，44.139）$\longrightarrow$（−84.486，109.312，82.642）

$u=0.2$：（−62.784，68.629，43.589）$\longrightarrow$（−84.090，109.882，82.169）

$u=0.4$：（−62.584，69.429，43.042）$\longrightarrow$（−83.694，110.451，81.697）

$u=0.6$：（−62.382，70.226，42.496）$\longrightarrow$（−83.299，111.017，81.226）

$u=0.8$：（−62.180，71.022，41.953）$\longrightarrow$（−82.904，111.582，80.756）

$u=1.0$：（−61.976，71.815，41.412）$\longrightarrow$（−82.509，112.146，80.287）

## 4.3　圆锥刀侧铣加工的最小二乘法

相对于圆柱刀而言，圆锥刀更具一般性，因为从几何学上讲，圆柱刀可看做是圆锥刀的特例（锥顶半角等于 0°），显然适用于圆锥刀的刀位优化方法同样适用于圆柱刀。同时，圆锥刀更为复杂，不具备前文所提的圆柱刀所具有的误差传递规律，因而研究其刀位优化方法有更大的难度和工程价值，4.2 节针对圆锥刀的刀位规划问题提出了两点偏置生成初始刀位并通过端点调整进行优化的方法，从方法本身以及计算结果可以发现，该方法虽然过程简单、实现方便，但对误差大小的控制能力有限，更多的是调整误差的分布，该方法适用于加工精度要求不高的场合。文献[6]从传统的共轭曲面原理出发，利用圆锥面的几何性质，提出“强制”刀具圆锥面与工件直纹面每瞬时线接触的思路，从而得到优化效果较好的刀轴轨迹。

### 4.3.1　圆锥刀初始刀轴面方程的建立

#### 1. 叶片左右两侧直纹面的方程

利用 3 次准均匀 B 样条插值方法，可以获得叶片曲面轴盘和盖盘两端在左侧的偏置曲线，即

$$\boldsymbol{r}_1^{(1)}=\boldsymbol{r}_1^{(1)}(i;u)=f_{i1}\boldsymbol{V}_{1i}^{(1)}+f_{i2}\boldsymbol{V}_{1,i+1}^{(1)}+f_{i3}\boldsymbol{V}_{1,i+2}^{(1)}+f_{i4}\boldsymbol{V}_{1,i+3}^{(1)} \tag{4.15a}$$

及

$$\boldsymbol{r}_1^{(2)}=\boldsymbol{r}_1^{(2)}(i;u)=f_{i1}\boldsymbol{V}_{1i}^{(2)}+f_{i2}\boldsymbol{V}_{1,i+1}^{(2)}+f_{i3}\boldsymbol{V}_{1,i+2}^{(2)}+f_{i4}\boldsymbol{V}_{1,i+3}^{(2)} \tag{4.15b}$$

式中，$i=1,2,\cdots,n-1$，表示曲面片的编号，$n$ 为已知数据点数；$f_{i1}$、$f_{i2}$、$f_{i3}$、$f_{i4}$ 为样条基函数，参数用 $u$ 表示，$u\in[0,1]$；$\boldsymbol{V}_{1i}^{(1)}$、$\boldsymbol{V}_{1,i+1}^{(1)}$、$\boldsymbol{V}_{1,i+2}^{(1)}$、$\boldsymbol{V}_{1,i+3}^{(1)}$ 及 $\boldsymbol{V}_{1i}^{(2)}$、$\boldsymbol{V}_{1,i+1}^{(2)}$、$\boldsymbol{V}_{1,i+2}^{(2)}$、$\boldsymbol{V}_{1,i+3}^{(2)}$ 分别为轴盘以及盖盘左侧偏置曲线的控制顶点。

于是叶片左侧曲面可以写成如下直纹面形式的方程：

$$\boldsymbol{r}_1=\boldsymbol{r}_1(i;u,v)=(1-v)\boldsymbol{r}_1^{(1)}+v\boldsymbol{r}_1^{(2)} \tag{4.16}$$

式中，$v$ 为直母线方向的参数，$v\in[0,1]$；$\boldsymbol{r}_1^{(1)}$ 可视为叶片曲面片的准线。

同理，叶片右侧曲面方程可描述为

$$\boldsymbol{r}_{\mathrm{r}}=\boldsymbol{r}_{\mathrm{r}}(i;u,v)=(1-v)\boldsymbol{r}_{\mathrm{r}}^{(1)}+v\boldsymbol{r}_{\mathrm{r}}^{(2)} \tag{4.17}$$

式中各符号意义同上。

#### 2. 圆锥刀初始刀轴面方程的建立

不失一般性，以左侧的叶片曲面为例研究其圆锥刀刀轴轨迹的生成，初始的刀轴轨迹由两点偏置法获得，具体过程参见 4.2.1 小节，生成的表征各刀位刀轴的 $\boldsymbol{Q}_1$、$\boldsymbol{Q}_2$ 点列记为 $\boldsymbol{Q}_{1j}$、$\boldsymbol{Q}_{2j}$（$j=1,2,\cdots,m$），进行 3 次准均匀 B 样条插值，其对应的控制顶点系列分别用 $\boldsymbol{V}_{\mathrm{q}j}^{(1)}$、$\boldsymbol{V}_{\mathrm{q}j}^{(2)}$ 表示，则有

$$\boldsymbol{r}_{\mathrm{q}}^{(1)}=\boldsymbol{r}_{\mathrm{q}}^{(1)}(j;u_{\mathrm{q}})=f_{j1}\boldsymbol{V}_{\mathrm{q}j}^{(1)}+f_{j2}\boldsymbol{V}_{\mathrm{q},j+1}^{(1)}+f_{j3}\boldsymbol{V}_{\mathrm{q},j+2}^{(1)}+f_{j4}\boldsymbol{V}_{\mathrm{q},j+3}^{(1)} \tag{4.18a}$$

$$\boldsymbol{r}_{\mathrm{q}}^{(2)}=\boldsymbol{r}_{\mathrm{q}}^{(2)}(j;u_{\mathrm{q}})=f_{j1}\boldsymbol{V}_{\mathrm{q}j}^{(2)}+f_{j2}\boldsymbol{V}_{\mathrm{q},j+1}^{(2)}+f_{j3}\boldsymbol{V}_{\mathrm{q},j+2}^{(2)}+f_{j4}\boldsymbol{V}_{\mathrm{q},j+3}^{(2)} \tag{4.18b}$$

式中，$f_{j1}$、$f_{j2}$、$f_{j3}$、$f_{j4}$ 意义同前，此处参数用 $u_{\mathrm{q}}$ 表示，$u_{\mathrm{q}}\in[0,1]$。

于是可获得初始刀轴面，即

$$\boldsymbol{r}_{\mathrm{q}}=\boldsymbol{r}_{\mathrm{q}}(j;u_{\mathrm{q}},v_{\mathrm{q}})=(1-v_{\mathrm{q}})\boldsymbol{r}_{\mathrm{q}}^{(1)}+v_{\mathrm{q}}\boldsymbol{r}_{\mathrm{q}}^{(2)} \tag{4.19}$$

式中，$v_{\mathrm{q}}$ 为直母线方向的参数，$v_q\in[0,1]$；$\boldsymbol{r}_{\mathrm{q}}^{(1)}$ 为刀轴面的准线，刀轴面显然为直纹面。

### 4.3.2 圆锥刀刀轴面位置的优化

作为回转面的一种，圆锥面具有如下性质：圆锥面上各点的法线必然通过回转轴线。显然，按前文两点偏置法确定刀轴位置的操作步骤可知，刀具面与叶片曲面必然在 $\boldsymbol{P}_1$、$\boldsymbol{P}_2$ 处相切，即 $\boldsymbol{P}_1\boldsymbol{Q}_1$、$\boldsymbol{P}_2\boldsymbol{Q}_2$ 为公法线。据此，给出下面命题。

命题：假定每个位置刀具圆锥面与叶片曲面为线接触，并且接触线无奇点，则刀轴上 $\boldsymbol{Q}_1$、$\boldsymbol{Q}_2$ 之间各点在叶片曲面上的投影一定在接触线上。

根据该命题，在初始位置的刀轴上 $\boldsymbol{Q}_1$、$\boldsymbol{Q}_2$ 之间取若干点，分别通过这些点做叶片曲面的垂线，求得垂足点，调整刀轴至某一位置，使刀具面与叶片曲面在这些点处（尽可能）相切，这些垂足点便构成了（近似的）接触线，刀具曲面与叶片曲面便形成了（近似的）线接触，此时的刀轴便是位置优化后的刀轴。如图 4.11 所示，$\boldsymbol{Q}_t$ 为 $\boldsymbol{Q}_1$、$\boldsymbol{Q}_2$ 之间的一点，过该点做叶片曲面的垂线 $\boldsymbol{Q}_t\boldsymbol{Q}_d$，垂足点为 $\boldsymbol{Q}_d$，图中的虚线为优化调整后的刀具位置，$\boldsymbol{C}_{ji}$ 为 $\boldsymbol{Q}_t\boldsymbol{Q}_d$ 与调整后刀具轴线的交点。

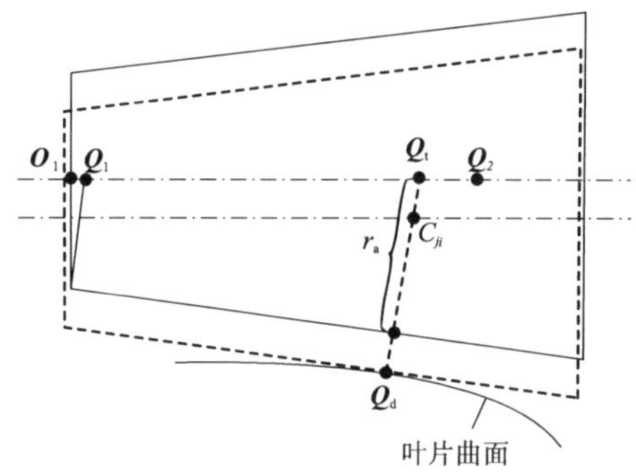


图 4.11　刀轴位置的优化调整

刀轴位置优化的计算流程见图 4.12。

在优化过程中，需要用到 $\boldsymbol{Q}_t$ 点的当量半径及垂线与圆锥面轴线的交点 $\boldsymbol{C}_{ji}$，二者的计算方法如下：

$$r_a = \frac{r_c}{\cos\delta} + l_{axis}\sin\delta \tag{4.20}$$

$$\boldsymbol{C}_{ji} = \boldsymbol{Q}_d + r_a\frac{\boldsymbol{Q}_t - \boldsymbol{Q}_d}{|\boldsymbol{Q}_t - \boldsymbol{Q}_d|} \tag{4.21}$$

式中，$r_c$ 为圆锥刀小端半径；$\delta$ 为锥顶半角。

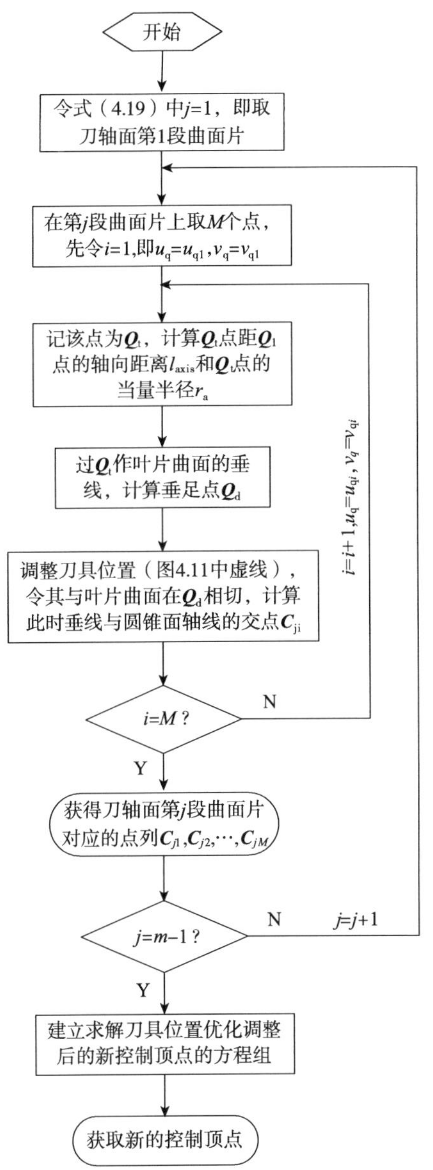

图 4.12　刀轴位置优化调整计算流程

优化方程组如下：

$$\begin{cases}(1-v_{q1})[f_{j1}(u_{q1})\boldsymbol{W}_j^{(1)}+f_{j2}(u_{q1})\boldsymbol{W}_{j+1}^{(1)}+f_{j3}(u_{q1})\boldsymbol{W}_{j+2}^{(1)}+f_{j4}(u_{q1})\boldsymbol{W}_{j+3}^{(1)}]\\ \quad +v_{q1}[f_{j1}(u_{q1})\boldsymbol{W}_j^{(2)}+f_{j2}(u_{q1})\boldsymbol{W}_{j+1}^{(2)}+f_{j3}(u_{q1})\boldsymbol{W}_{j+2}^{(2)}+f_{j4}(u_{q1})\boldsymbol{W}_{j+3}^{(2)}]=\boldsymbol{C}_{j1}\\ (1-v_{q2})[f_{j1}(u_{q2})\boldsymbol{W}_j^{(1)}+f_{j2}(u_{q2})\boldsymbol{W}_{j+1}^{(1)}+f_{j3}(u_{q2})\boldsymbol{W}_{j+2}^{(1)}+f_{j4}(u_{q2})\boldsymbol{W}_{j+3}^{(1)}]\\ \quad +v_{q2}[f_{j1}(u_{q2})\boldsymbol{W}_j^{(2)}+f_{j2}(u_{q2})\boldsymbol{W}_{j+1}^{(2)}+f_{j3}(u_{q2})\boldsymbol{W}_{j+2}^{(2)}+f_{j4}(u_{q2})\boldsymbol{W}_{j+3}^{(2)}]=\boldsymbol{C}_{j2}\\ \qquad\vdots\\ (1-v_{qM})[f_{j1}(u_{qM})\boldsymbol{W}_j^{(1)}+f_{j2}(u_{qM})\boldsymbol{W}_{j+1}^{(1)}+f_{j3}(u_{qM})\boldsymbol{W}_{j+2}^{(1)}+f_{j4}(u_{qM})\boldsymbol{W}_{j+3}^{(1)}]\\ \quad +v_{qM}[f_{j1}(u_{qM})\boldsymbol{W}_j^{(2)}+f_{j2}(u_{qM})\boldsymbol{W}_{j+1}^{(2)}+f_{j3}(u_{qM})\boldsymbol{W}_{j+2}^{(2)}+f_{j4}(u_{qM})\boldsymbol{W}_{j+3}^{(2)}]=\boldsymbol{C}_{jM}\end{cases} \tag{4.22}$$

式中，$j=1, 2, \cdots, m-1$。

式（4.22）由 $M\times(m-1)$ 个矢量方程构成，包含 $2(m+2)$ 个矢量未知数，即控制顶点 $\boldsymbol{W}_1^{(1)}$、$\boldsymbol{W}_2^{(1)}$、…、$\boldsymbol{W}_{m+2}^{(1)}$ 及 $\boldsymbol{W}_1^{(2)}$、$\boldsymbol{W}_2^{(2)}$、…、$\boldsymbol{W}_{m+2}^{(2)}$。为达到一定的逼近精度，通常 $M\times(m-1)>2(m+2)$，即方程组为超定方程组，可利用求解线性最小二乘问题的豪斯荷尔德变换法[4]求解，将求得的控制顶点 $\boldsymbol{W}$ 系列替换式（4.18）、式（4.19）中的 $\boldsymbol{V}_q$ 系列便可以得到优化后的刀轴面方程。

### 4.3.3 刀具圆锥面族的包络误差计算与干涉校验

#### 1. 圆锥面方程的建立

令式（4.19）中的 $j$、$u_q$ 分别取某一定值，即针对一个确定的刀轴位置，建立与圆锥刀固联的运动坐标系 $\{\boldsymbol{O}_1, X_1Y_1Z_1\}$，圆锥刀的回转轴线作为 $Z_1$ 轴，其单位矢量为 $\boldsymbol{k}_1=\dfrac{\boldsymbol{Q}_2-\boldsymbol{Q}_1}{|\boldsymbol{Q}_2-\boldsymbol{Q}_1|}$，$Y_1$ 轴单位矢量为 $\boldsymbol{j}_1=\dfrac{\boldsymbol{n}_1\times\boldsymbol{k}_1}{|\boldsymbol{n}_1\times\boldsymbol{k}_1|}$，式中 $\boldsymbol{n}_1$ 为叶片曲面上 $\boldsymbol{P}_1$ 点的单位法矢，$\boldsymbol{P}_1$ 点的位置参数 $u$ 由式（4.7）确定，$X_1$ 轴单位矢量为 $\boldsymbol{i}_1=\boldsymbol{j}_1\times\boldsymbol{k}_1$，如图 4.7 所示。运动坐标系的原点 $\boldsymbol{O}_1$ 可由公式 $\boldsymbol{O}_1=\boldsymbol{Q}_1-r_c\tan\delta\boldsymbol{k}_1$ 获得。

则圆锥面在固定坐标系中的方程可写为

$$\boldsymbol{R}^{(1)}=\boldsymbol{R}^{(1)}(j, u_q; t, \alpha)=\boldsymbol{O}_1+(r_c+t\sin\delta)(\cos\alpha\boldsymbol{i}_1+\sin\alpha\boldsymbol{j}_1)+t\cos\delta\boldsymbol{k}_1 \tag{4.23}$$

式中，$t$ 为圆锥面直母线方向的参数；$\alpha$ 为转角参数。当 $j=1, 2, \cdots, m-1$，$u_q$ 在 $[0,1]$ 区间变化时，上式表示了圆锥面族，其中 $u_q$ 为面族参数，$j$ 表示面族分布的不同位置。

#### 2. 圆锥面族的包络误差计算

根据共轭曲面的数字仿真原理[5]，圆锥面族的包络面可以分片表示，即

$$\boldsymbol{R}^{(2)}(i; u, v)=\boldsymbol{r}_1(i; u, v)+h\boldsymbol{n}(i; u, v) \tag{4.24}$$

式中，$i$、$u$、$v$ 的意义与取值同前；$\boldsymbol{r}_1(i; u, v)$ 表示参考曲面；$h\boldsymbol{n}(i; u, v)$ 为该曲面片沿法线方向发出的标杆射线，$\boldsymbol{n}(i; u, v)$ 为单位法矢，$h$ 为标杆函数，

表示包络面与叶片曲面的对应点的误差。

加工过程中，首先满足接触条件 $\boldsymbol{R}^{(2)}(i;u,v)=\boldsymbol{R}^{(1)}(j,u_{\mathrm{q}};t,\alpha)$，由式（4.23）、式（4.24）可得

$$\boldsymbol{r}_1(i;u,v)+h\boldsymbol{n}(i;u,v)=\boldsymbol{O}_1+(r_{\mathrm{c}}+t\sin\delta)(\cos\alpha\boldsymbol{i}_1+\sin\alpha\boldsymbol{j}_1)+t\cos\delta\boldsymbol{k}_1 \tag{4.25}$$

对于已知叶片曲面片上的点（$i$、$u$、$v$ 取定值），要求其被某一位置（$j$、$u_{\mathrm{q}}$ 取定值）的圆锥面截得的标杆长度时，式（4.25）成为只含有三个未知量 $\alpha$、$t$、$h$ 的三个标量方程组成的方程组，因而可解。不同位置的圆锥面截得的标杆长度 $h$ 是不同的，最小的标杆长度 $h_{\min}$ 对应的标杆的端点便为刀具包络面上的点，而 $h_{\min}$ 则是叶片曲面上该已知点对应的包络误差。令 $u$、$v$ 取变量域内一系列值，则可确定整个刀具的包络面以及叶片曲面片各点对应的包络误差。

**3. 加工时相邻叶片的干涉检查**

将叶片曲面逆时针回转一个分齿角，便得到相邻的叶片曲面。刀具在加工叶片的左侧齿面时，需要检验刀具是否会和相邻叶片的右侧齿面发生干涉。

由式（4.17）知相邻叶片右侧曲面的方程可以表示如下：

$$\hat{\boldsymbol{r}}_{\mathrm{r}}=\hat{\boldsymbol{r}}_{\mathrm{r}}(i;u,v)=(1-v)\hat{\boldsymbol{r}}_{\mathrm{r}}^{(1)}+v\hat{\boldsymbol{r}}_{\mathrm{r}}^{(2)} \tag{4.26}$$

式中，$\hat{\boldsymbol{r}}_{\mathrm{r}}^{(1)}=\boldsymbol{B}(\lambda)\boldsymbol{r}_{\mathrm{r}}^{(1)}$；$\hat{\boldsymbol{r}}_{\mathrm{r}}^{(2)}=\boldsymbol{B}(\lambda)\boldsymbol{r}_{\mathrm{r}}^{(2)}$。其中 $\boldsymbol{B}(\lambda)$ 为回转运动群矩阵；$\lambda$ 为分齿角。

同样利用共轭曲面的数字仿真方法，将 $\hat{\boldsymbol{r}}_{\mathrm{r}}(i;u,v)$ 作为参考曲面，由其上各点沿法线方向 $\hat{\boldsymbol{n}}(i;u,v)$ 发出标杆射线，如图 4.13 所示，同样可以计算圆锥面族的包络面（另一侧）截得的标杆长度，当某参考点的标杆长度小于零时，说明出现了干涉，否则表示不存在干涉。

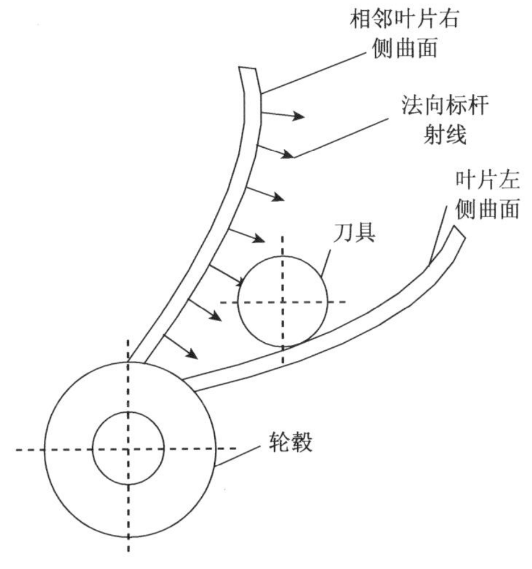


图 4.13　相邻叶片曲面干涉检查

**4. 计算实例与分析**

以第 5 段叶片曲面片[式（4.16）中 $i=5$]为例给出具体的计算结果。已知刀具条件如下：圆锥刀小端半径 $r_c=5\,\text{mm}$、锥顶半角 $\delta=5^\circ$。计算过程中，令 $u$ 均匀取 0、0.2、0.4、0.6、0.8、1.0 六个数值，即 $m=6$，每一段初始刀轴曲面片上令 $u_q$ 分别取值 0.001、0.331、0.661、0.991，$v_q$ 分别取值 0、0.19、0.38、0.57、0.76、0.95，共 24 个点，即 $M=24$，也就是说式（4.22）有 16 个矢量未知数、120 个矢量方程。图 4.14～图 4.16 为优化前的包络误差，分别对应刀轴第二点由参数 $v_1=0.5$、$v_1=0.75$、$v_1=1$ 确定时的情形，各自对应的误差分别为–0.017～0.070mm、-0.046～0.046mm、-0.099～0mm。图 4.17～图 4.19 为同样三种情形优化后的包络误差，分别为–0.0065～0.0312mm、-0.024～0.058mm、-0.058～0.069mm。可见，$v_1=0.5$ 时的优化效果最好。$v_1$ 值增大，优化效果变差，当 $v_1=1$ 时，仅有误差的分布得到改善，误差的数值反倒增大，已经达不到优化的效果。因而取 $v_1=0.5$ 生成刀轴第二点的方案作为最终选择的方案，优化的结果为-0.0065～0.0312mm，优化前后的刀轴面两端准线的控制顶点如表 4.3 所示。

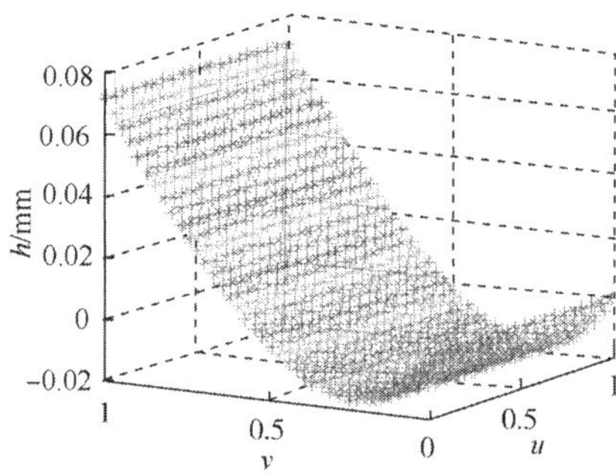


图 4.14 $v_1=0.5$ 时的初始包络误差

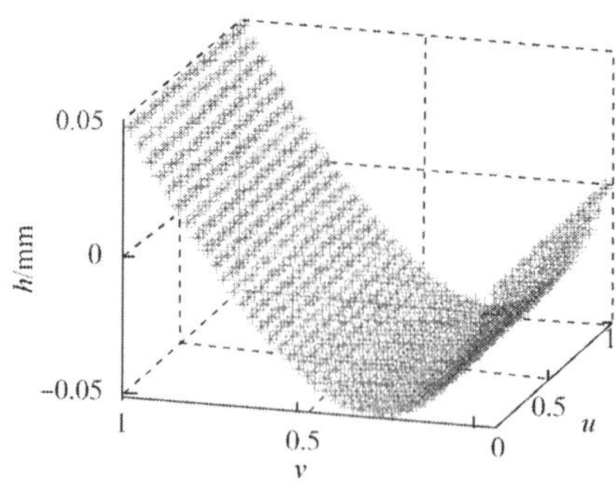


图 4.15 $v_1=0.75$ 时的初始包络误差

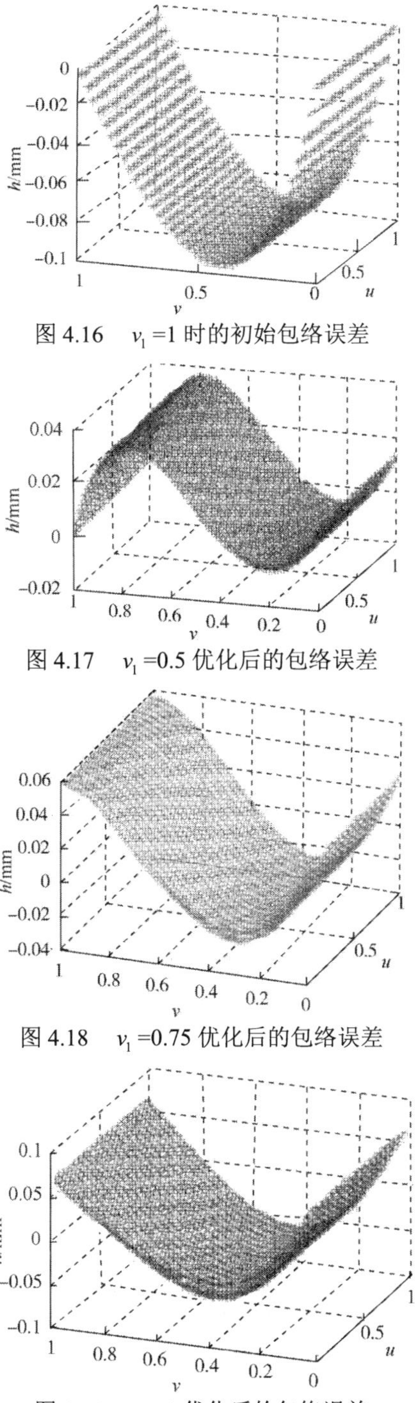


图 4.16　$v_1$ =1 时的初始包络误差



图 4.17　$v_1$ =0.5 优化后的包络误差



图 4.18　$v_1$ =0.75 优化后的包络误差



图 4.19　$v_1$ =1 优化后的包络误差

**表 4.3　优化前后刀轴面的控制顶点**

| | 初始刀轴 | 优化后的刀轴 |
|---|---|---|
| 一侧控制顶点 | (−62.984，67.826，44.139) | (−62.994，67.826，44.135) |
| | (−62.917，68.094，43.955) | (−62.927，68.094，43.951) |
| | (−62.784，68.629，43.589) | (−62.794，68.629，43.585) |
| | (−62.584，69.429，43.041) | (−62.593，69.429，43.037) |
| | (−62.382，70.227，42.496) | (−62.392，70.227，42.492) |
| | (−62.180，71.022，41.953) | (−62.190，71.022，41.949) |
| | (−62.044，71.551，41.592) | (−62.054，71.551，41.588) |
| | (−61.976，71.815，41.412) | (−61.986，71.816，41.408) |
| 另一侧控制顶点 | (−77.480，95.229，69.983) | (−77.488，95.229，69.979) |
| | (−77.370，95.445，69.816) | (−77.378，95.445，69.812) |
| | (−77.149，95.877，69.483) | (−77.157，95.878，69.479) |
| | (−76.818，96.524，68.984) | (−76.826，96.524，68.980) |
| | (−76.487，97.168，68.487) | (−76.495，97.169，68.483) |
| | (−76.155，97.811，67.991) | (−76.163，97.812，67.987) |
| | (−75.934，98.238，67.661) | (−75.942，98.239，67.658) |
| | (−75.824，98.452，67.496) | (−75.831，98.453，67.493) |

用同样的方法对左侧叶片曲面的其他曲面片以及右侧叶片曲面进行计算分析，均可以得到类似的结论。同时进行的干涉校验表明，即便在最危险的近轮毂处，以上各种情况也都不存在相邻叶片的加工干涉。

### 4.3.4　在圆柱刀刀轴优化方面的应用

当锥顶半角 $\delta=0°$ 时，圆锥刀就变成了圆柱刀，本节描述的方法自然可以用于圆柱刀，而且圆柱刀没有所谓圆锥刀小端的限制，刀位的生成可以更加灵活。仍以直径 10mm 的圆柱刀为例，其他加工条件不变，经过简单的比较与选择，可以发现当初始刀位由 $v_0=0.35$ 及 $v_1=0.75$ 两点生成后，再经过最小二乘优化的效果较为理想，图 4.20 为计算得到的第 5 段叶片曲面片全域上的误差大小与分布情况，其中最大过切误差为−0.003 77mm，最大欠切误差为 0.009 01mm，极差为最大欠切减去最大过切，等于 0.012 78mm，和 4.1 节的方法（得到的极差为 0.04mm）相比，误差显著降低。表 4.4 列出了初始刀轴面及优化后刀轴面两端准线控制顶点的计算结果。

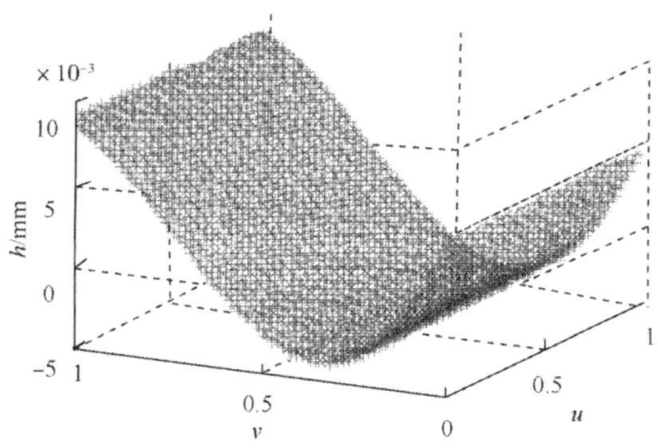

图 4.20　圆柱刀刀轴优化后的包络误差

**表 4.4　优化前后刀轴面的控制顶点**

| | 初始刀轴 | 优化后的刀轴 |
|---|---|---|
| 一侧控制顶点 | (−62.833，68.192，43.853) | (−62.859，68.192，43.842) |
| | (−62.767，68.460，43.670) | (−62.793，68.460，43.659) |
| | (−62.633，68.996，43.304) | (−62.659，68.996，43.293) |
| | (−62.433，69.796，42.758) | (−62.459，69.797，42.747) |
| | (−62.231，70.594，42.214) | (−62.257，70.595，42.203) |
| | (−62.029，71.390，41.672) | (−62.055，71.391，41.662) |
| | (−61.893，71.919，41.314) | (−61.919，71.919，41.303) |
| | (−61.825，72.183，41.134) | (−61.851，72.183，41.124) |
| 另一侧控制顶点 | (−79.966，108.512，85.284) | (−79.969，108.513，85.282) |
| | (−79.837，108.697，85.120) | (−79.840，108.698，85.118) |
| | (−79.580，109.068，84.792) | (−79.583，109.069，84.790) |
| | (−79.194，109.622，84.301) | (−79.197，109.623，84.299) |
| | (−78.809，110.175，83.812) | (−78.812，110.176，83.810) |
| | (−78.424，110.726，83.323) | (−78.427，110.727，83.321) |
| | (−78.167，111.092，82.999) | (−78.170，111.092，82.997) |
| | (−78.039，111.274，82.837) | (−78.042，111.275，82.835) |

## 4.4　非可展直纹面的近似可展化处理

众所周知，可展面是不存在原理性加工误差的，因而在非可展直纹面的加工中提出一种思路，将非可展直纹面用可展的直纹面来代替。如果可行，那么针对可展直纹面，无论是圆柱刀还是圆锥刀，刀位的生成问题都变得非常简单——只需将刀具的直母线与可展直纹面的直母线相切，便可得到理论上零误差的可展直纹面。因而，问题的关键在于如何获得可展直纹面或者获得什么样的直纹面来替代需要加工的非可展直纹面，能够使加工精度的降低最小化，这也是该问题的难点所在。该问题的实质就是可展直纹面向非可展直纹面的逼近问题。

### 4.4.1 柱面方程的描述

柱面为一类典型的可展面，定义为直线在空间平行于自身具有一个自由度的运动形成的曲面，该直线称为（直）母线，其运行的轨迹线称为准线，如图4.21所示。

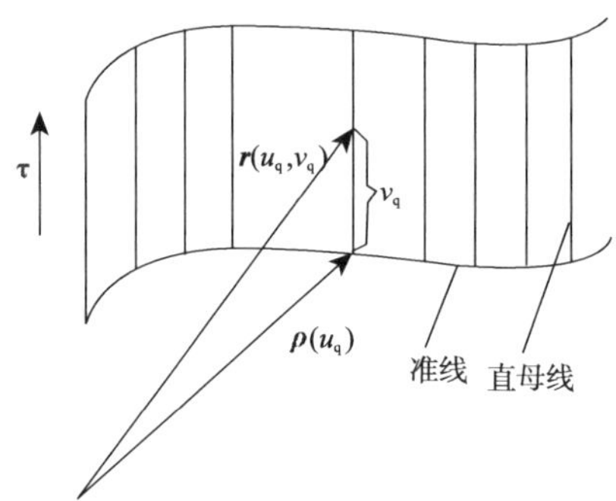


图 4.21　一般柱面

一般柱面的方程可以写为

$$\boldsymbol{r}(u_\mathrm{q},v_\mathrm{q})=\boldsymbol{\rho}(u_\mathrm{q})+v_\mathrm{q}\boldsymbol{\tau} \tag{4.27}$$

式中，$\boldsymbol{\rho}(u_\mathrm{q})$为柱面的准线，参数用$u_\mathrm{q}$表示，$u_\mathrm{q}\in[0,1]$；$\boldsymbol{\tau}$为直母线方向的单位矢量，是常矢量；$v_\mathrm{q}$为直母线方向参数。柱面的准线可以描述为$k-1$段三次B样条曲线的形式，即

$$\boldsymbol{\rho}(j;\ u_\mathrm{q})=f_{j1}\boldsymbol{U}_j+f_{j2}\boldsymbol{U}_{j+1}+f_{j3}\boldsymbol{U}_{j+2}+f_{j4}\boldsymbol{U}_{j+3} \tag{4.28}$$

式中，$j=1,\ 2,\ \cdots,\ k-1$；控制顶点用$\boldsymbol{U}_j$ $(j=1,\ 2,\ \cdots,\ k+1,\ k+2)$表示。将式（4.28）代入式（4.27）有如下柱面方程：

$$\boldsymbol{r}(j;\ u_\mathrm{q},\ v_\mathrm{q})=f_{j1}\boldsymbol{U}_j+f_{j2}\boldsymbol{U}_{j+1}+f_{j3}\boldsymbol{U}_{j+2}+f_{j4}\boldsymbol{U}_{j+3}+v_\mathrm{q}\boldsymbol{\tau} \tag{4.29}$$

即将柱面用$k-1$段曲面片表示。

### 4.4.2 柱面向工件直纹面的逼近

取工件直纹面一段曲面片作为逼近对象。根据式（4.1）、式（4.2），可将该段曲面片的准线以及曲面方程写成如下形式：

$$\boldsymbol{r}_\mathrm{w}^{(1)}=f_1\boldsymbol{V}_{i1}^{(1)}+f_2\boldsymbol{V}_{i2}^{(1)}+f_3\boldsymbol{V}_{i3}^{(1)}+f_4\boldsymbol{V}_{i4}^{(1)} \tag{4.30}$$

$$\boldsymbol{r}_\mathrm{w}^{(2)}=f_1\boldsymbol{V}_{i1}^{(2)}+f_2\boldsymbol{V}_{i2}^{(2)}+f_3\boldsymbol{V}_{i3}^{(2)}+f_4\boldsymbol{V}_{i4}^{(2)} \tag{4.31}$$

$$\boldsymbol{r}_\mathrm{w}(u,v)=(1-v)\boldsymbol{r}_\mathrm{w}^{(1)}+v\boldsymbol{r}_\mathrm{w}^{(2)} \tag{4.32}$$

式中，角标$i$取定值；该曲面片参数$u\in[0,1]$，$v\in[0,1]$。

为实现用 $k-1$ 段柱面逼近一段工件曲面的目标，需建立各段柱面参数与工件曲面参数之间的对应关系。用 $k-1$ 段柱面逼近，相当于把工件直纹面的准线参数 $u$ 平均地分为 $k-1$ 个区间，形成 k 个区间端点 $u_1$、$u_2$、…、$u_k$，于是，第 $j$ 段柱面的准线参数 $u_q$ 在区间 [0,1] 取值时，工件曲面的准线参数 $u$ 参照图 4.2 按式（4.7）计算即可，即二者的关系完全确立，可简单表示为 $u=\hat{u}(u_q)$。在 $u_q$ 已知的条件下，当工件曲面参数 $v$ 在 [0,1] 取值，柱面参数 $v_q$ 可利用式（4.30）、式（4.31）确定，即

$$v_q = v(|\boldsymbol{r}_w^{(2)} - \boldsymbol{r}_w^{(1)}|)|_{\hat{u}(u_q)} \tag{4.33}$$

式中，$|\boldsymbol{r}_w^{(2)} - \boldsymbol{r}_w^{(1)}|$ 表示两端的距离；后缀的角标 $\hat{u}(u_q)$ 表示计算 $\boldsymbol{r}_w^{(2)}$、$\boldsymbol{r}_w^{(1)}$ 时参数 $u$ 的取值。

柱面与工件直纹面实现逼近的途径就是令二者对应参数的点尽可能多的实现重合，以第 $j$ 段柱面为例，在其上取 $M$ 个点 $(u_{q1},v_{q1})$，…，$(u_{qM},v_{qM})$，对应的工件直纹面上的点用 $(\hat{u}_1,v_1)$，…，$(\hat{u}_M,v_M)$ 表示，则应满足如下方程：

$$\begin{cases} f_{j1}(u_{q1})\boldsymbol{U}_j + f_{j2}(u_{q1})\boldsymbol{U}_{j+1} + f_{j3}(u_{q1})\boldsymbol{U}_{j+2} + f_{j4}(u_{q1})\boldsymbol{U}_{j+3} + v_{q1}\boldsymbol{\tau} \\ \qquad = (1-v_1)\boldsymbol{r}_w^{(1)} + v_1\boldsymbol{r}_w^{(2)} \\ f_{j1}(u_{q2})\boldsymbol{U}_j + f_{j2}(u_{q2})\boldsymbol{U}_{j+1} + f_{j3}(u_{q2})\boldsymbol{U}_{j+2} + f_{j4}(u_{q2})\boldsymbol{U}_{j+3} + v_{q2}\boldsymbol{\tau} \\ \qquad = (1-v_2)\boldsymbol{r}_w^{(1)} + v_2\boldsymbol{r}_w^{(2)} \\ \qquad \vdots \\ f_{j1}(u_{qM})\boldsymbol{U}_j + f_{j2}(u_{qM})\boldsymbol{U}_{j+1} + f_{j3}(u_{qM})\boldsymbol{U}_{j+2} + f_{j4}(u_{qM})\boldsymbol{U}_{j+3} + v_{qM}\boldsymbol{\tau} \\ \qquad = (1-v_M)\boldsymbol{r}_w^{(1)} + v_M\boldsymbol{r}_w^{(2)} \end{cases} \tag{4.34}$$

式中，$j=1, 2, \cdots, k-1$。

柱面的确定步骤如下：

（1）将参数 $u$ 的区间等分为 $k-1$ 个区间，形成 $k$ 个区间端点 $u_1$、$u_2$、…、$u_k$，其中 $k-1$ 为柱面的曲面片数；

（2）令 $j=1$，即取柱面第一段曲面片；

（3）令 $u_q$、$v$ 在区间 [0,1] 离散取值，形成 $M$ 种组合，记为（$u_{q1},v_1$）、（$u_{q2},v_2$）、$\cdots$、（$u_{qM},v_M$）；

（4）利用式（4.7）及式（4.33），由 $u_q$、$v$ 的取值确定参数 $u$ 及 $v_q$ 的对应取值，即 $\hat{u}_1$、$\hat{u}_2$、…、$\hat{u}_M$ 和 $v_{q1}$、$v_{q2}$、…、$v_{qM}$；

（5）将各参数代入式（4.34），获得第 $j$ 段曲面的逼近方程；

（6）令 $j=2, 3, \cdots, k-1$，替换步骤（2）中 $j$ 的原取值，分别重复步骤（2）～步骤（5），共获得 $(k-1)\times M$ 个方程构成的方程组，其中有 $k+3$ 个未知数，即 $k+2$ 个控制顶点 $\boldsymbol{U}_1$、$\boldsymbol{U}_2$、…、$\boldsymbol{U}_{k+2}$ 以及柱面的直母线方向矢量 $\boldsymbol{\tau}$；

（7）对方程组求解，获得 $\boldsymbol{U}_1$、$\boldsymbol{U}_2$、…、$\boldsymbol{U}_{k+2}$ 及 $\boldsymbol{\tau}$，代入式（4.29）即获得所求的柱面。

### 4.4.3 实例计算结果与分析

仍以叶片曲面的第 5 段曲面片为例，利用柱面来进行逼近。柱面共有 $k-1=6-1=5$ 段，将叶片曲面片分为相应的 5 段，参数 $u$ 有 6 个端点，即 $u_j$（$j=1, \cdots, 6$）分别取 0、0.2、0.4、0.6、0.8、1.0。逼近时，经过比较选择，每段柱面的参数 $u_{\mathrm{q}}$、$v$ 在区间[0,1]均取 0、0.2、0.4、0.6、0.8、1.0，共形成 36 种组合，即在每段柱面与叶片曲面片的对应区域各取 36 个点令其成为公共点，建立 36 个方程，5 段柱面片共建立 180 个方程，而未知数为 $k+2=8$ 个控制顶点和 1 个直母线方向参数共 9 个。该方程依然采用前面提到的豪斯荷尔德变换法求解。

计算获得的柱面的 8 个控制顶点如表 4.5 所示。

**表 4.5 柱面的 8 个控制顶点**

| 序号 | 控制顶点 |
|---|---|
| 1 | （−58.541，68.146，45.686） |
| 2 | （−58.443，68.380，45.540） |
| 3 | （−58.247，68.848，45.249） |
| 4 | （−57.953，69.546，44.813） |
| 5 | （−57.659，70.241，44.378） |
| 6 | （−57.366，70.934，43.944） |
| 7 | （−57.170，71.394，43.656） |
| 8 | （−57.072，71.624，43.512） |

柱面直母线方向矢量为（−0.283，0.655，0.701）。逐点计算柱面与工件曲面之间的法向距离，可以得到逼近误差。图 4.22～图 4.26 为计算得到的第 1 段至第 5 段柱面曲面片的逼近误差曲线，分别选取各自 $u_{\mathrm{q}}=0$、$u_{\mathrm{q}}=0$、$u_{\mathrm{q}}=0.5$、$u_{\mathrm{q}}=1$、$u_{\mathrm{q}}=1$ 位置。可见在第 1 段和第 5 段的边缘误差最大，最大过切与最大欠切分别为−0.3754mm 和 0.3125mm、−0.3113mm 和 0.3849mm。在中间的曲面片（第 2 段、第 3 段、第 4 段）逼近误差减小，在第 3 段 $u_{\mathrm{q}}=0.5$ 时，逼近误差已降到 $10^{-3}$mm 数量级。观察曲线的变化趋势，可知是由左高右低演变为左低又高，可以想见，必然存在一个位置（实际上在第 3 段 $u_{\mathrm{q}}=0.458$ 附近），误差曲线为一条水平的直线，其上各点的误差值均为 0。

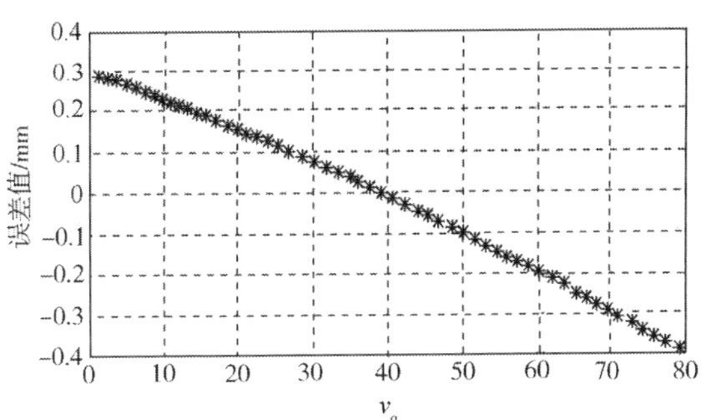


图 4.22　第 1 段曲面片 $u_q$=0 的逼近误差

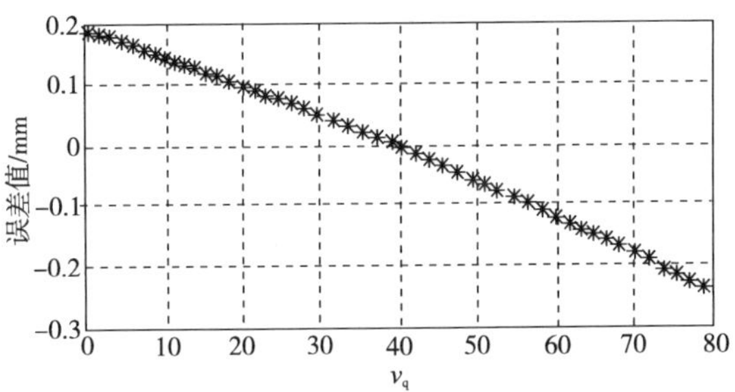


图 4.23　第 2 段曲面片 $u_q$=0 的逼近误差

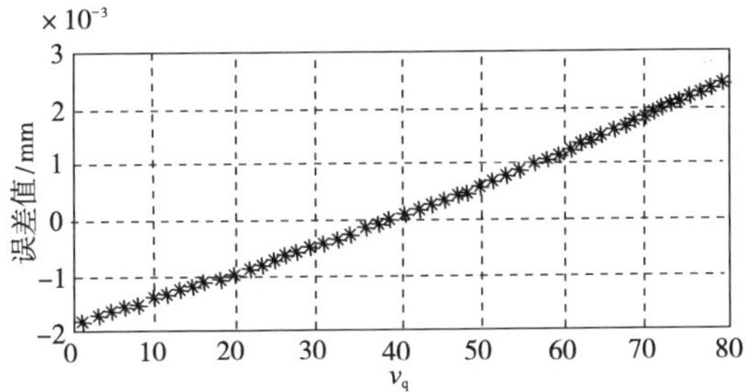


图 4.24　第 3 段曲面片 $u_q$=0.5 的逼近误差

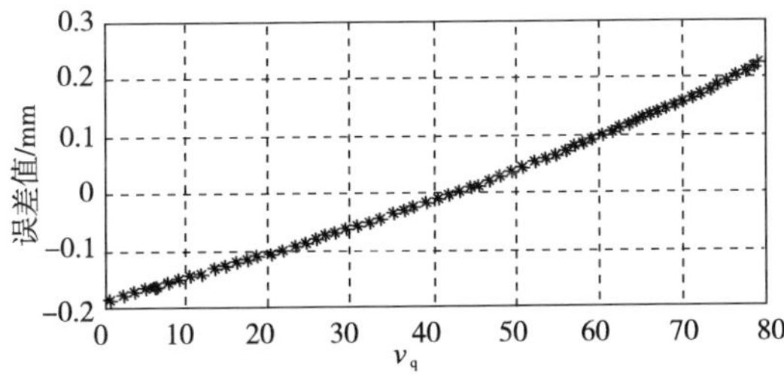


图 4.25　第 4 段曲面片 $u_q$=1.0 的逼近误差

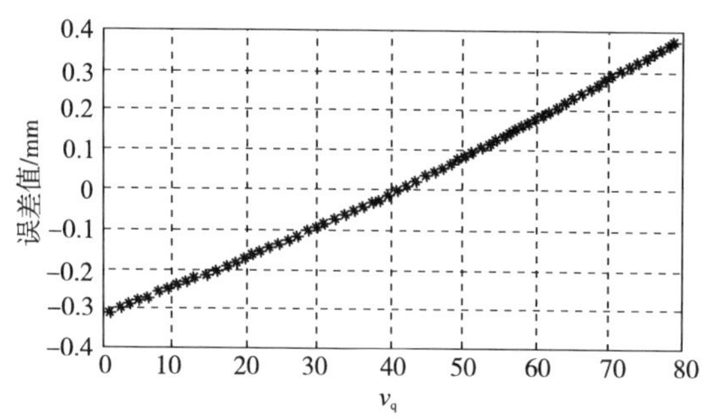


图 4.26　第 5 段曲面片 $u_q$=1.0 的逼近误差

由上面的计算结果可知，采用柱面逼近非可展直纹面使非可展面可展化的方法，其误差的数值在准线的两侧较大，往往难以控制，该方法适用于非可展直纹面扭曲度不大且精度要求不高的场合，或者非可展直纹面粗加工工序的刀位生成。当然，用于粗加工刀位规划时，如出现算例中过大的过切误差显然是不可以的，会造成事实上的不可修复的废品。此时，应将式（4.34）修正为

$$\begin{cases} f_{j1}(u_{q1})\boldsymbol{U}_j + f_{j2}(u_{q1})\boldsymbol{U}_{j+1} + f_{j3}(u_{q1})\boldsymbol{U}_{j+2} + f_{j4}(u_{q1})\boldsymbol{U}_{j+3} + v_{q1}\boldsymbol{\tau} \\ \qquad = (1-v_1)\boldsymbol{r}_{\mathrm{w}}^{(1)} + v_1\boldsymbol{r}_{\mathrm{w}}^{(2)} + r_0\boldsymbol{n}(\hat{u}_1, v_1) \\ f_{j1}(u_{q2})\boldsymbol{U}_j + f_{j2}(u_{q2})\boldsymbol{U}_{j+1} + f_{j3}(u_{q2})\boldsymbol{U}_{j+2} + f_{j4}(u_{q2})\boldsymbol{U}_{j+3} + v_{q2}\boldsymbol{\tau} \\ \qquad = (1-v_2)\boldsymbol{r}_{\mathrm{w}}^{(1)} + v_2\boldsymbol{r}_{\mathrm{w}}^{(2)} + r_0\boldsymbol{n}(\hat{u}_2, v_2) \\ \qquad \vdots \\ f_{j1}(u_{qM})\boldsymbol{U}_j + f_{j2}(u_{qM})\boldsymbol{U}_{j+1} + f_{j3}(u_{qM})\boldsymbol{U}_{j+2} + f_{j4}(u_{qM})\boldsymbol{U}_{j+3} + v_{qM}\boldsymbol{\tau} \\ \qquad = (1-v_M)\boldsymbol{r}_{\mathrm{w}}^{(1)} + v_M\boldsymbol{r}_{\mathrm{w}}^{(2)} + r_0\boldsymbol{n}(\hat{u}_M, v_M) \end{cases} \tag{4.35}$$

式中，$j=1, 2, \cdots, k-1$；$r_0$ 为一个正的数值；$\boldsymbol{n}(\hat{u}_i,\ v_i)\ (i=1,\ \cdots,\ M)$表示工件直纹面上点的单位法矢。式（4.35）的意义就是将式（4.34）表示的柱面与工件直纹面的逼近修正为柱面与工件直纹面的等距面（等距距离 $r_0$）的逼近，这样可以避免过大的过切误差。如算例中最大过切误差的数值大小为 0.3754mm，见图 4.22，则此时取 $r_0$ 为稍大于 0.3754 的数值，如 $r_0$=0.4，代入式（4.35），重新计算柱面，则可获得均为正（欠切）的逼近误差，如第 1 段 $u_q$=0 处，此时的误差曲线如图 4.27 所示。

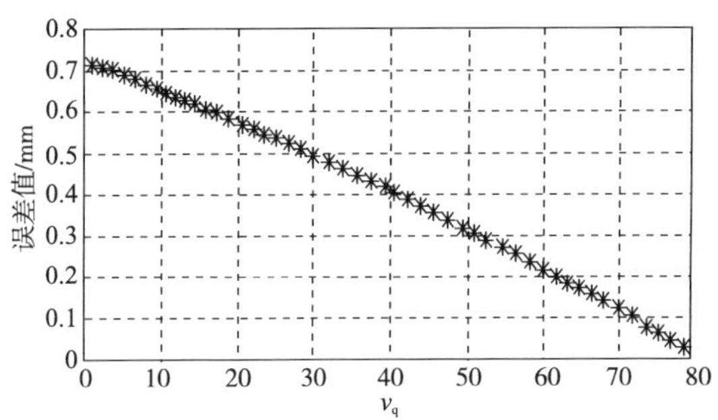


图 4.27　修正后第 1 段曲面片 $u_q$=0 的逼近误差

## 4.5　本章小结

本章首先针对圆柱刀的刀位规划问题，根据等距变换下误差不变的性质，将刀具包络面与设计曲面的逼近问题转化为刀轴面与设计曲面等距面的逼近问题，并给出包括初始刀位的生成、刀位的初步优化及基于最小二乘法的再次优化的整个刀位优化过程；其次，对于圆锥刀提出了两点偏置并且一端点进行调整的刀位优化方法，进一步针对圆锥刀，提出刀具圆锥面与叶片曲面“强制”线接触的思路，建立以刀轴位置为变量的刀具面上多点与叶片曲面相切的超定方程组，并用最小二乘法求解，可获得优化的刀轴轨迹面，该方法同样适用于圆柱刀，计算结果表明，可显著地降低包络误差；最后，讨论了将非可展直纹面可展化以便于刀位生成的方法，以柱面逼近工件直纹面为研究对象，通过实例计算，描述非可展直纹面可展化的实现过程，并简单分析该方法的应用场合。

### 参 考 文 献

[1] 宫虎. 五坐标数控加工运动几何学基础及刀位规划原理与方法的研究. 大连：大连理工大学博士学位论文，2005.

[2] 阎长罡，张建平. 圆柱刀侧铣叶片曲面的刀位规划. 大连交通大学学报，2011，32（3）：40-43.

[3] 张建平. 整体叶轮叶片曲面侧铣加工的刀位规划研究. 大连：大连交通大学硕士学位论文，2010.

[4] 徐士良. C 常用算法程序集. 北京：清华大学出版社，1996.

[5] 刘健，阎长罡，曹利新. 共轭曲面的数字仿真原理. 大连理工大学学报，1999，39（2）：259-267.

[6] 阎长罡，施晓春，邓晓云. 圆锥刀侧铣整体叶轮叶片曲面的刀轴轨迹规划. 计算机集成制造系统，2014，20（5）：1114-1120.

# 第 5 章
# 侧铣加工刀位规划的特征线方法

从本质上讲，刀轴轨迹规划就是寻求刀具在加工过程的每一个时刻都处于一个“恰当”的位姿以使整个刀具包络面尽可能地逼近设计曲面，即应满足刀具包络面与设计曲面的极差[1]最小，因而属于一类典型的优化问题。由于只有在所有刀位都确定之后才能计算刀具包络面，因此，如何在单个刀位规划的时候考虑刀具包络面与工件曲面之间的偏差是非常关键的问题，多数文献都采用了近似的简化处理，将刀位规划转化成单个刀位下刀具曲面与设计曲面之间的优化逼近问题，未能系统完整地从刀具包络面向设计曲面逼近的角度考虑问题[2]。

文献[3]提出一种以特征线为纽带的刀轴轨迹规划方法，该方法着眼于刀具包络面向设计曲面逼近的“全局”，着手于每个刀位优化的“局部”，从圆锥刀的本质属性出发，给出法向映射曲线的定义，利用刀具包络原理，提出一种单刀位优化判定条件，将刀具包络面向设计曲面的逼近问题转化为每个刀位下法向映射曲线与特征线的最小二乘逼近问题。利用刚体运动学方法将刀轴位姿用 3 个回转与 3 个平移运动参数描述，建立起单刀位优化条件与 6 个运动参数的非显性的函数关系，并提出采用拉丁超立方的实验设计方法求解最优刀位的策略，最终获得优化后的刀轴轨迹面。该方法直观、简单、易于理解，并且经计算表明，该方法还具有计算结果稳定、精度高的优点，可为工程应用提供一定的理论与技术上的支撑。

## 5.1 刀位的最优性判定条件

圆锥面有一个基本性质就是圆锥面上任一点的法线必然通过圆锥面的轴线，该性质构成了本书的研究基础。

假设刀具按一定的轴迹面运动生成包络面，则某一位置下，刀具曲面、包络面和设计曲面的关系如图 5.1 所示。从刀轴线上任一点 $\boldsymbol{P}_i$ 向包络曲面做垂线，

垂足点为 $\boldsymbol{Q}_i$，根据包络原理，该垂足点又可称为特征点，显然特征点的集合为特征线，即每一时刻刀具与包络面在特征线上接触。

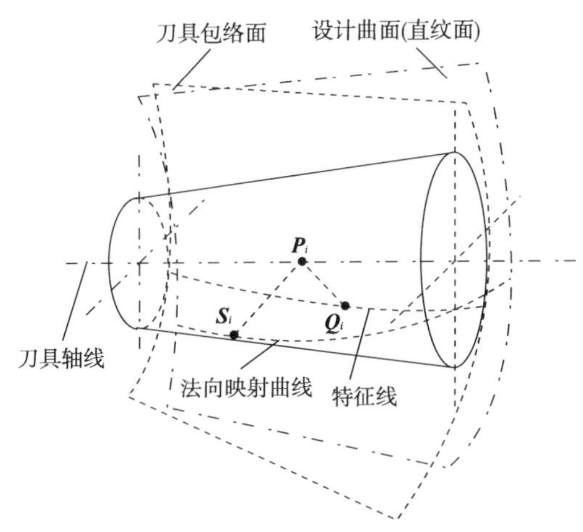


图 5.1　法向映射曲线与特征线

给出以下定义。

定义 5.1：从刀具轴线上任一点 $\boldsymbol{P}_i$ 向设计曲面做垂线，垂足点为 $\boldsymbol{S}_i$，该垂足点称为轴线上点对应的法向映射点，法向映射点的集合称为法向映射曲线。

定义 5.2：刀轴上同一点 $\boldsymbol{P}_i$ 在不同曲面——包络面与设计曲面上法向映射的像点 $\boldsymbol{Q}_i$ 与 $\boldsymbol{S}_i$ 称为像点对。

于是可提出以下刀位的最优性判定条件。

当刀具包络面按最小极差条件逼近设计曲面时，每一个瞬时的刀位应满足如下要求：相对于其他位姿，该位姿使刀轴上诸点对应的像点对的距离的平方和为最小，即实现法向投影曲线与特征线的最小二乘逼近，如图 5.2 所示。

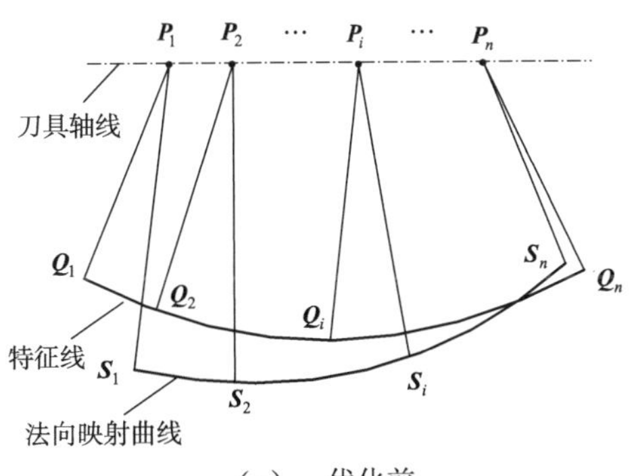


（a）　优化前

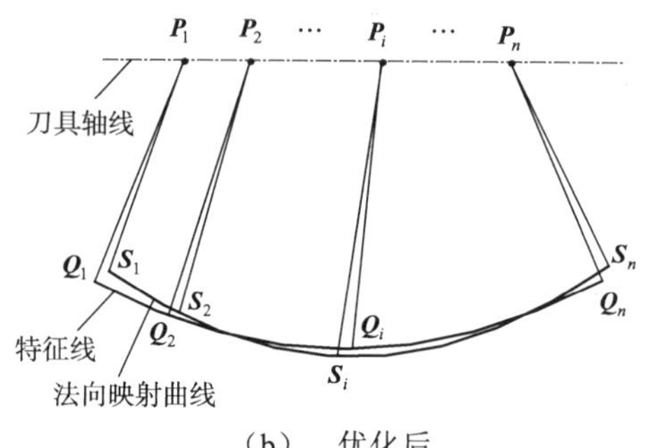


（b） 优化后

图 5.2 特征线与法相映射曲线的最小二乘逼近

设刀轴位姿的集合为$\mathbf{C}=\{c\}$，即目标函数为

$$\min_{c\in\mathbf{C}} f=\sum_{i=1}^{n}|\boldsymbol{Q}_i\boldsymbol{S}_i|^2 \qquad n\in[1,\infty) \tag{5.1}$$

鉴于曲面问题的复杂性，一般情况下，该条件是否为设计曲面与包络面最佳逼近的充分或必要条件很难给出严格的证明，但却可以说明其合理性。

特殊地，当法向映射曲线退化为一个点$\boldsymbol{S}_1$，式（5.1）的最优目标函数值显然为$f=0$，即$\boldsymbol{Q}_1$点与$\boldsymbol{S}_1$点重合，设计曲面与刀具面在该点相切，对应工程上球头刀加工曲面的情形；当设计曲面本身就作为刀具包络面时，诸像点对$\boldsymbol{S}_i$与$\boldsymbol{Q}_i\,(i=1,\ 2,\ \cdots,\ n)$重合，函数$f=0$，即特征线与法向映射曲线重合，设计曲面与刀具面在法向映射曲线上相切，对应工程上圆柱刀或圆锥刀侧铣可展直纹面的情形。

一般情况下，式（5.1）表明加工过程中每一瞬时特征线与法向映射曲线的逼近关系，因为刀具包络面是由连续的特征线形成的，而设计曲面又可认为是由连续的法向映射曲线生成，因此式（5.1）实际上体现了刀具包络面与设计曲面的逼近特征，因而作为单刀位的优化条件是合理的。该合理性可由后文的算例得到具体验证。

由于刀具包络面是在所有刀位都确定后才形成的，因而在加工过程中的每个刀位，刀轴上点$\boldsymbol{P}_i$对应的包络面上的投影点即特征点$\boldsymbol{Q}_i$并不能事先确定，可用理想特征点来代替，理想特征点采用如下方法获得。

由轴线上点$\boldsymbol{P}_i$往圆锥曲面上做垂线，显然，垂足点的集合为一个圆，见图5.3，其方程为

$$\hat{\boldsymbol{Q}}_i=\hat{\boldsymbol{Q}}_i(\varGamma) \tag{5.2}$$

式中，$\Gamma$ 为转角参数。

$\hat{\boldsymbol{Q}}_i$ 与法向映射点 $\boldsymbol{S}_i$ 的距离为

$$l(\Gamma)=|\hat{\boldsymbol{Q}}(\Gamma)\boldsymbol{S}_i| \tag{5.3}$$

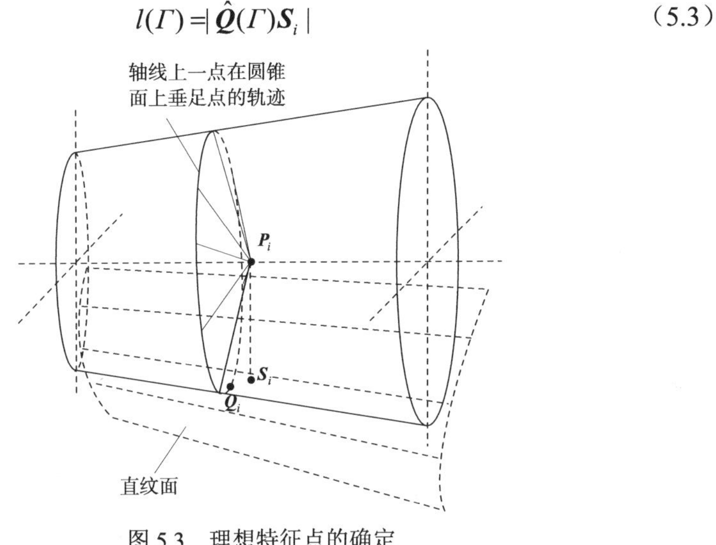


图 5.3 理想特征点的确定

对式（5.3）求导并令其等于 0，即

$$\frac{\mathrm{d}l(\Gamma)}{\mathrm{d}\Gamma}=0 \tag{5.4}$$

上式为双解，其中使 $l$ 取极小值的参数 $\Gamma^*$ 对应的点便作为理想特征点 $\boldsymbol{Q}_i$，$\boldsymbol{Q}_i=\hat{\boldsymbol{Q}}_i(\Gamma^*)$。显而易见，若不选择此点，而代之以其他点作为理想特征点，则无法实现包络面与设计曲面尽可能逼近的目标要求。后面的计算实例将给出实际特征点与理想特征点的位置比较。

因此，式（5.1）又可描述为

$$\min_{c\in\mathbf{C}} f=\sum_{i=1}^{n}\left[\min_{\Gamma}|\hat{\boldsymbol{Q}}_i(\Gamma)\boldsymbol{S}_i|\right]^2 \qquad n\in[1,\infty) \tag{5.5}$$

## 5.2 圆锥刀最优刀位的生成

### 5.2.1 初始位置刀轴矢量的确定

如图 5.4 所示，初始刀轴位置的确定采用两点偏置法，即保证直纹面在同一直母线的两端点处与刀具曲面相切，且需要保证直纹面一侧与圆锥刀的小端相切，利用此条件可确定刀具轴线上的两点，从而确定刀轴位置。如图中的 $\boldsymbol{S}_1$、$\boldsymbol{S}_n$ 点，显然这两点为刀具曲面与直纹面的公切点，这两点处的公法线与刀具轴线的交点记为 $\boldsymbol{P}_1$、$\boldsymbol{P}_n$。

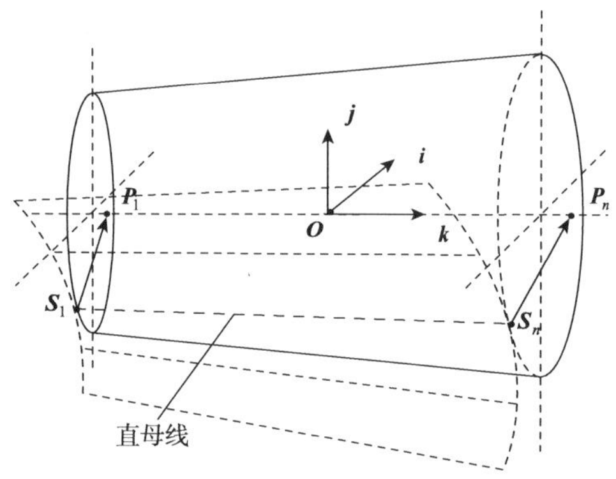


图 5.4　两点偏置法确定初始刀位

## 5.2.2　刀轴位姿方程的建立

将描述非可展直纹面的工件坐标系作为基坐标系，记为$\{\boldsymbol{O}_\mathrm{B},\ X_\mathrm{B}Y_\mathrm{B}Z_\mathrm{B}\}$，坐标轴的单位矢量分别为 $\boldsymbol{i}_\mathrm{B}$、$\boldsymbol{j}_\mathrm{B}$、$\boldsymbol{k}_\mathrm{B}$。$\boldsymbol{P}_i\,(i=1,\ n)$在基坐标系中的坐标为$(x_{\mathrm{B}P_i},\ y_{\mathrm{B}P_i},\ z_{\mathrm{B}P_i})$。在刀具初始轴线上取一点 $\boldsymbol{O}$，可描述为

$$\boldsymbol{O}=(1-\tau)\boldsymbol{P}_1+\tau\boldsymbol{P}_n=x_\mathrm{O}\boldsymbol{i}_\mathrm{B}+y_\mathrm{O}\boldsymbol{j}_\mathrm{B}+z_\mathrm{O}\boldsymbol{k}_\mathrm{B}\quad(0\leqslant\tau\leqslant 1)\tag{5.6}$$

式中，$x_\mathrm{O}$、$y_\mathrm{O}$、$z_\mathrm{O}$ 为 $\boldsymbol{O}$ 点在基坐标系中的坐标，以 $\boldsymbol{O}$ 作为坐标原点建立一局部固定坐标系$\{\boldsymbol{O},\ XYZ\}$，圆锥刀的初始回转轴线作为 $Z$ 轴，其单位矢量为 $\boldsymbol{k}=\dfrac{\boldsymbol{P}_n-\boldsymbol{P}_1}{|\boldsymbol{P}_n-\boldsymbol{P}_1|}$，$X$ 轴单位矢量为 $\boldsymbol{i}=\dfrac{\boldsymbol{k}_\mathrm{B}\times\boldsymbol{k}}{|\boldsymbol{k}_\mathrm{B}\times\boldsymbol{k}|}$，$Y$ 轴单位矢量为 $\boldsymbol{j}=\boldsymbol{k}\times\boldsymbol{i}$，参见图 5.4。可写成如下分量形式：

$$\begin{cases}\boldsymbol{i}=I_\mathrm{x}\boldsymbol{i}_\mathrm{B}+I_\mathrm{y}\boldsymbol{j}_\mathrm{B}+I_\mathrm{z}\boldsymbol{k}_\mathrm{B}\\ \boldsymbol{j}=J_\mathrm{x}\boldsymbol{i}_\mathrm{B}+J_\mathrm{y}\boldsymbol{j}_\mathrm{B}+J_\mathrm{z}\boldsymbol{k}_\mathrm{B}\\ \boldsymbol{k}=K_\mathrm{x}\boldsymbol{i}_\mathrm{B}+K_\mathrm{y}\boldsymbol{j}_\mathrm{B}+K_\mathrm{z}\boldsymbol{k}_\mathrm{B}\end{cases}\tag{5.7}$$

另建立一个与圆锥刀固联的运动坐标系$\{\boldsymbol{O}_\mathrm{T},\ X_\mathrm{T}Y_\mathrm{T}Z_\mathrm{T}\}$，在初始位置，$\boldsymbol{O}_\mathrm{T}$、$X_\mathrm{T}$、$Y_\mathrm{T}$、$Z_\mathrm{T}$ 分别与 $\boldsymbol{O}$、$X$、$Y$、$Z$ 重合。令运动坐标系分别做绕 $X$、$Y$、$Z$ 轴的回转运动和沿该三轴的平移运动，运动参数依次为 $\lambda$、$\theta$、$\phi$ 及 $x_\mathrm{t}$、$y_\mathrm{t}$、$z_\mathrm{t}$。运动变换后点 $\boldsymbol{P}_i$ 在基坐标系中的坐标可写作

$$\begin{pmatrix} X_{BP_i} \\ Y_{BP_i} \\ Z_{BP_i} \end{pmatrix} = \begin{pmatrix} I_x & J_x & K_x \\ I_y & J_y & K_y \\ I_z & J_z & K_z \end{pmatrix} \begin{pmatrix} X_{P_i} \\ Y_{P_i} \\ Z_{P_i} \end{pmatrix} + \begin{pmatrix} x_O \\ y_O \\ z_O \end{pmatrix} \tag{5.8}$$

式中，$X_{P_i}$、$Y_{P_i}$、$Z_{P_i}$ 以及 $x_{P_i}$、$y_{P_i}$、$z_{P_i}$ 分别为运动变换后与变换前点 $\boldsymbol{P}_i$ 在坐标系 $\{\boldsymbol{O}, XYZ\}$ 中的坐标，即

$$\begin{cases} X_{P_i} = x_{P_i}\cos\theta\cos\phi + y_{P_i}(-\cos\lambda\sin\phi + \sin\lambda\sin\theta\cos\phi) \\ \qquad + z_{P_i}(\sin\lambda\sin\phi + \cos\lambda\sin\theta\cos\phi) + x_t \\ Y_{P_i} = x_{P_i}\cos\theta\sin\phi + y_{P_i}(\cos\lambda\cos\phi + \sin\lambda\sin\theta\sin\phi) \\ \qquad + z_{P_i}(-\sin\lambda\cos\phi + \cos\lambda\sin\theta\sin\phi) + y_t \\ Z_{P_i} = -x_{P_i}\sin\theta + y_{P_i}\sin\lambda\cos\theta + z_{P_i}\cos\lambda\cos\theta + z_t \end{cases} \tag{5.9}$$

$$\begin{cases} x_{P_i} = (x_{BP_i} - x_O)I_x + (y_{BP_i} - y_O)I_y + (z_{BP_i} - z_O)I_z \\ y_{P_i} = (x_{BP_i} - x_O)J_x + (y_{BP_i} - y_O)J_y + (z_{BP_i} - z_O)J_z \\ z_{P_i} = (x_{BP_i} - x_O)K_x + (y_{BP_i} - y_O)K_y + (z_{BP_i} - z_O)K_z \end{cases} \tag{5.10}$$

则刀具轴线在基坐标系中可以描述如下：

$$\boldsymbol{r}_{\text{axis}} = (1-s)\boldsymbol{P}_1 + s\boldsymbol{P}_n \tag{5.11}$$

式中，$s$ 为直母线方向的参数，$s \in [0,1]$。

此时式（5.2）可具体描述为

$$\hat{\boldsymbol{Q}}_i = \hat{Q}_{ix}\boldsymbol{i}_B + \hat{Q}_{iy}\boldsymbol{j}_B + \hat{Q}_{iz}\boldsymbol{k}_B \tag{5.12}$$

式中，

$$\begin{cases} \hat{Q}_{ix} = X_{BP_i} + \rho_i\cos\delta\cos\Gamma I_x + \rho_i\cos\delta\sin\Gamma J_x - \rho_i\sin\delta K_x \\ \hat{Q}_{iy} = Y_{BP_i} + \rho_i\cos\delta\cos\Gamma I_y + \rho_i\cos\delta\sin\Gamma J_y - \rho_i\sin\delta K_y \\ \hat{Q}_{iz} = Z_{BP_i} + \rho_i\cos\delta\cos\Gamma I_z + \rho_i\cos\delta\sin\Gamma J_z - \rho_i\sin\delta K_z \end{cases} \tag{5.13}$$

其中，$\delta$ 为圆锥刀锥顶半角；$\rho S_i = |\boldsymbol{P}_i\boldsymbol{P}_1|\sin\delta + r_c/\cos\delta$，为 $\boldsymbol{P}_i$ 点到圆锥面的距离，$r_c$ 为圆锥刀小端半径；$\Gamma$ 为轨迹圆的参数。

设 $\boldsymbol{P}_i$ 对应的法向映射点 $\boldsymbol{S}_i$ 的坐标为 $(S_{ix}, S_{iy}, S_{iz})$，该坐标可通过数值计算方法获得，于是式（5.3）可具体写为

$$l(\Gamma) = \sqrt{(\hat{Q}_{ix} - S_{ix})^2 + (\hat{Q}_{iy} - S_{iy})^2 + (\hat{Q}_{iz} - S_{iz})^2} \tag{5.14}$$

### 5.2.3 基于拉丁超立方抽样的实验设计方法

实验设计是数理统计学的应用方法之一，主要内容是讨论如何合理地安排实验、取得数据，然后进行综合的科学分析，从而达到尽快获得最优方案的目的[4]。常用的实验设计方法有均匀设计、正交设计、D–最优设计以及拉丁超立方设计等[5]。

拉丁超立方抽样法（Latin hypercube sampling，LHS）的主要思想基于逆函数转换法，假设抽样次数为 $N$，输入 $K$ 个随机变量 $X_1$，$X_2$，…，$X_K$，变量 $X_k\,(1\leqslant k\leqslant K)$的累积分布函数（cumulative distribution function，CDF）为 $Y_k=F_k(X_k)$，此分布函数的取值范围[0,1]被等分为 $N$ 个子区间，每个区间内按均匀分布抽取一个随机数 $Y_k$，然后由 CDF 的逆函数 $F_k^{-1}(Y_k)$ 求得 $X_k$，每个子区间都不重复抽取[6]。

由于离散分布变量的概率分布函数不连续且通常只能取有限个状态，所以无法直接使用前述的逆函数转换法[7]，本章采用的方法如下。

设自变量 $\boldsymbol{X}=(x_{\mathrm{t}},\ y_{\mathrm{t}},\ z_{\mathrm{t}},\ \lambda,\ \theta,\ \phi)$ 为一六维矢量，设其初始取值范围为 $[\boldsymbol{X}_{\min},\ \boldsymbol{X}_{\max}]$，即各分量 $x_{\mathrm{t}}$、$y_{\mathrm{t}}$、$z_{\mathrm{t}}$、$\lambda$、$\theta$、$\phi$ 的初始取值范围分别为 $x_{\mathrm{t}\min}^{(0)}\sim x_{\mathrm{t}\max}^{(0)}$、$y_{\mathrm{t}\min}^{(0)}\sim y_{\mathrm{t}\max}^{(0)}$、$z_{\mathrm{t}\min}^{(0)}\sim z_{\mathrm{t}\max}^{(0)}$、$\lambda_{\min}^{(0)}\sim\lambda_{\max}^{(0)}$、$\theta_{\min}^{(0)}\sim\theta_{\max}^{(0)}$、$\phi_{\min}^{(0)}\sim\phi_{\max}^{(0)}$。

（1）令 $i=0$，将各参数离散化，在取值范围内均匀地取 $p$ 个值，构成六个数组

$$
\begin{cases}
A_0=(x_{\mathrm{t}0}^{(i)},\ x_{\mathrm{t}1}^{(i)},\ \cdots,\ x_{\mathrm{t},p-1}^{(i)})\\
A_1=(y_{\mathrm{t}0}^{(i)},\ y_{\mathrm{t}1}^{(i)},\ \cdots,\ y_{\mathrm{t},p-1}^{(i)})\\
A_2=(z_{\mathrm{t}0}^{(i)},\ z_{\mathrm{t}1}^{(i)},\ \cdots,\ z_{\mathrm{t},p-1}^{(i)})\\
A_3=(\lambda_0^{(i)},\ \lambda_1^{(i)},\ \cdots,\ \lambda_{p-1}^{(i)})\\
A_4=(\theta_0^{(i)},\ \theta_1^{(i)},\cdots,\ \theta_{p-1}^{(i)})\\
A_5=(\phi_0^{(i)},\ \phi_1^{(i)},\ \cdots,\ \phi_{p-1}^{(i)})
\end{cases}
\tag{5.15}
$$

（2）在 $[0,p-1]$ 中产生 6 个可重复的随机整数 $I_0,I_1,\cdots,I_5$，称为标志数，则 $x_{\mathrm{t}}$、$y_{\mathrm{t}}$、$z_{\mathrm{t}}$、$\lambda$、$\theta$、$\phi$ 各离散值按表 5.1 中的每一行轮转选取角标，即取 6 组参数，带入式(5.8)及式(5.2)～式(5.5)计算诸像点对 $\boldsymbol{S}_i$ 与 $\boldsymbol{Q}_i\,(i=1,\ 2,\cdots,\ n)$ 的距离平方和。随后将各数组 $A_j$ 中标志数 $I_j\,(j=0,\ 1,\cdots,\ 5)$后面的元素均前移一位。

**表 5.1　标志数的轮转取值**

| $x_{t,0}^{(i)}$ | $y_{t,0}^{(i)}$ | $z_{t,0}^{(i)}$ | $\lambda_0^{(i)}$ | $\theta_0^{(i)}$ | $\phi_0^{(i)}$ |
|---|---|---|---|---|---|
| $I_0$ | $I_1$ | $I_2$ | $I_3$ | $I_4$ | $I_5$ |
| $I_5$ | $I_0$ | $I_1$ | $I_2$ | $I_3$ | $I_4$ |
| $I_4$ | $I_5$ | $I_0$ | $I_1$ | $I_2$ | $I_3$ |
| $I_3$ | $I_4$ | $I_5$ | $I_0$ | $I_1$ | $I_2$ |
| $I_2$ | $I_3$ | $I_4$ | $I_5$ | $I_0$ | $I_1$ |
| $I_1$ | $I_2$ | $I_3$ | $I_4$ | $I_5$ | $I_0$ |

（3）在$[0, p-2]$中产生 6 个可重复的随机整数，其余同步骤（2），直至取完所有的元素，即共选取$6p$组变量，计算$6p$个目标函数值。

（4）重复$N$次步骤（2）和（3），在$N\times 6p$个结果中选取最优值，设最优自变量为$\boldsymbol{X}^*=(x_t^*,\ y_t^*,\ z_t^*,\ \lambda^*,\ \theta^*,\ \phi^*)$，并记录函数值$f^{(i)}(\boldsymbol{X}^*)$。

（5）调整自变量取值范围，以$\boldsymbol{X}^*$为中心，将各分量的取值范围压缩为原先的一半。

（6）返回步骤（1），并将$i$修正为$i=i+1$，重复步骤（1）～步骤（5），直至$|f^{(i+1)}(\boldsymbol{X}^*)-f^{(i)}(\boldsymbol{X}^*)|<\varepsilon$（$\varepsilon$为一正的小量），记录最优参数$\boldsymbol{X}^*=(x_t^*,\ y_t^*,\ z_t^*,\ \lambda^*,\ \theta^*,\ \phi^*)$。

通过上述步骤，可以获得单个刀轴优化后的位姿，同理可以确定一系列离散的优化的刀轴位姿，进而利用插值方法可构建优化的刀轴轨迹面。当然，刀轴位姿优化的效果如何还需要用包络误差这一最直接的指标进行检验。

## 5.3　圆锥刀包络面及包络误差的计算

### 5.3.1　圆锥面方程的建立

如图 5.5 所示，在图示的坐标系内，圆锥面的素线方程可写为

$$\boldsymbol{r}_1 = r_c\boldsymbol{i} + t(\sin\delta\boldsymbol{i} + \cos\delta\boldsymbol{k}) \tag{5.16}$$

式中，$r_c$为圆锥面（刀）小端半径；$\delta$为锥顶半角；$t$表示直线方向的参数；$\boldsymbol{k}$为轴线方向单位矢量。则圆锥面方程可写为

$$\boldsymbol{r} = \boldsymbol{B}(\alpha)\boldsymbol{r}_1 = (r_c + t\sin\delta)\cos\alpha\boldsymbol{i} + (r_c + t\sin\delta)\sin\alpha\boldsymbol{j} + t\cos\delta\boldsymbol{k} \tag{5.17}$$

式中，$\boldsymbol{B}(\alpha)$为回转运动群矩阵；$\alpha$为回转角。

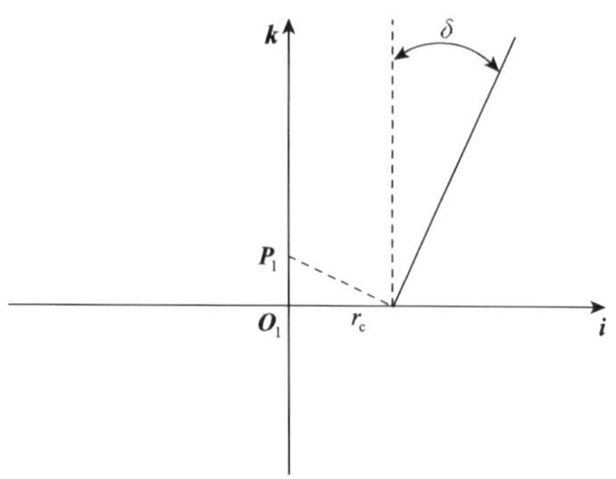


图 5.5　圆锥面的素线方程

图 5.5 中的坐标原点 $\boldsymbol{O}_1$ 距离 $\boldsymbol{P}_1$ 点的轴向距离为

$$|\boldsymbol{O}_1\boldsymbol{P}_1| = r_c \tan\delta \tag{5.18}$$

式中，$\boldsymbol{P}_1$ 即为表征刀轴矢量的第一点，亦为刀轴轨迹面准线（准三次 B 样条曲线）上的点。不失一般性，假定 $\boldsymbol{P}_1$ 位于刀轴轨迹面第一段曲面片上，则可以表示为

$$\boldsymbol{P}_1 = f_1\boldsymbol{V}_{q1}^{(1)} + f_2\boldsymbol{V}_{q2}^{(1)} + f_3\boldsymbol{V}_{q3}^{(1)} + f_4\boldsymbol{V}_{q4}^{(1)} \tag{5.19}$$

式中，$f_i$（$i=1, 2, 3, 4$）为样条基函数，参数为 $u_q$，$u_q \in [0,1]$；矢量系列 $\boldsymbol{V}_{qi}^{(1)}$（$i=1, 2, 3, 4$）为控制顶点，在基坐标系 $\{\boldsymbol{O}_B, X_BY_BZ_B\}$ 中的三个坐标分量可表示为 $V_{qix}^{(1)}$、$V_{qiy}^{(1)}$、$V_{qiz}^{(1)}$。

将圆锥面写在基坐标系 $\{\boldsymbol{O}_B, X_BY_BZ_B\}$ 内，得

$$\boldsymbol{R} = \boldsymbol{P}_1 + \boldsymbol{P}_1\boldsymbol{O}_1 + \boldsymbol{r} = \boldsymbol{P}_1 - r_c\tan\delta\boldsymbol{k} + \boldsymbol{r} \tag{5.20}$$

为描述方便，在不致混淆的情况下，将表示刀轴矢量的第二点 $\boldsymbol{P}_n$ 记为 $\boldsymbol{P}_2$，同理 $\boldsymbol{P}_2$ 亦为准三次 B 样条曲线上的点，有

$$\boldsymbol{P}_2 = f_1\boldsymbol{V}_{q1}^{(2)} + f_2\boldsymbol{V}_{q2}^{(2)} + f_3\boldsymbol{V}_{q3}^{(2)} + f_4\boldsymbol{V}_{q4}^{(2)} \tag{5.21}$$

则刀轴矢量为

$$\boldsymbol{k} = \frac{\boldsymbol{P}_2 - \boldsymbol{P}_1}{|\boldsymbol{P}_2 - \boldsymbol{P}_1|} \tag{5.22}$$

设 $\boldsymbol{V}_{qi}^{(21)} = \boldsymbol{V}_{qi}^{(2)} - \boldsymbol{V}_{qi}^{(1)}$（$i=1, 2, 3, 4$），令 $V_{qix}^{(21)}$、$V_{qiy}^{(21)}$、$V_{qiz}^{(21)}$ 分别表示 $\boldsymbol{V}_{qi}^{(21)}$ 在基坐标系三个坐标方向的分量，则

$$\boldsymbol{k}=\frac{\sum_{i=1}^{4} f_i \boldsymbol{V}_{qi}^{(21)}}{\sqrt{(\sum_{i=1}^{4} f_i V_{qix}^{(21)})^2+(\sum_{i=1}^{4} f_i V_{qiy}^{(21)})^2+(\sum_{i=1}^{4} f_i V_{qiz}^{(21)})^2}} \tag{5.23}$$

可写作以下形式：

$$\boldsymbol{k}=K_x \boldsymbol{i}_B+K_y \boldsymbol{j}_B+K_z \boldsymbol{k}_B \tag{5.24}$$

令 $M=(\sum_{i=1}^{4} f_i V_{qix}^{(21)})^2+(\sum_{i=1}^{4} f_i V_{qiy}^{(21)})^2+(\sum_{i=1}^{4} f_i V_{qiz}^{(21)})^2$，则式（5.24）中的各分量可表示为

$$\begin{cases} K_x=\dfrac{\sum_{i=1}^{4} f_i V_{qix}^{(21)}}{\sqrt{M}} \\ K_y=\dfrac{\sum_{i=1}^{4} f_i V_{qiy}^{(21)}}{\sqrt{M}} \\ K_z=\dfrac{\sum_{i=1}^{4} f_i V_{qiz}^{(21)}}{\sqrt{M}} \end{cases} \tag{5.25}$$

坐标矢量 $\boldsymbol{i}$、$\boldsymbol{j}$ 确定如下：

$$\boldsymbol{i}=\frac{\boldsymbol{k}_B\times\boldsymbol{k}}{|\boldsymbol{k}_B\times\boldsymbol{k}|}=\frac{-K_y}{\sqrt{K_x^2+K_y^2}}\boldsymbol{i}_B+\frac{K_x}{\sqrt{K_x^2+K_y^2}}\boldsymbol{j}_B=I_x\boldsymbol{i}_B+I_y\boldsymbol{j}_B \tag{5.26}$$

$$\boldsymbol{j}=\boldsymbol{k}\times\boldsymbol{i}=-K_zI_y\boldsymbol{i}_B+K_zI_x\boldsymbol{j}_B+(K_xI_y-K_yI_x)\boldsymbol{k}_B=J_x\boldsymbol{i}_B+J_y\boldsymbol{j}_B+J_z\boldsymbol{k}_B \tag{5.27}$$

上两式中各系数为

$$\begin{cases} I_x=-\dfrac{K_y}{\sqrt{K_x^2+K_y^2}} \\ I_y=\dfrac{K_x}{\sqrt{K_x^2+K_y^2}} \\ J_x=-K_zI_y \\ J_y=K_zI_x \\ J_z=(K_xI_y-K_yI_x) \end{cases} \tag{5.28}$$

至此，圆锥面族方程可写为

$$\boldsymbol{R}(t,\alpha,u_{\mathrm{q}})=R_{\mathrm{x}}(t,\alpha,u_{\mathrm{q}})\boldsymbol{i}_{\mathrm{B}}+R_{\mathrm{y}}(t,\alpha,u_{\mathrm{q}})\boldsymbol{j}_{\mathrm{B}}+R_{\mathrm{z}}(t,\alpha,u_{\mathrm{q}})\boldsymbol{k}_{\mathrm{B}} \tag{5.29}$$

式中，

$$\begin{cases}R_{\mathrm{x}}=\sum_{i=1}^{4}f_iV_{\mathrm{q}i\mathrm{x}}^{(1)}+(r_{\mathrm{c}}+t\sin\delta)\cos\alpha I_{\mathrm{x}}+(r_{\mathrm{c}}+t\sin\delta)\sin\alpha J_{\mathrm{x}}+(t\cos\delta-r_{\mathrm{c}}\tan\delta)K_{\mathrm{x}}\\ R_{\mathrm{y}}=\sum_{i=1}^{4}f_iV_{\mathrm{q}i\mathrm{y}}^{(1)}+(r_{\mathrm{c}}+t\sin\delta)\cos\alpha I_{\mathrm{y}}+(r_{\mathrm{c}}+t\sin\delta)\sin\alpha J_{\mathrm{y}}+(t\cos\delta-r_{\mathrm{c}}\tan\delta)K_{\mathrm{y}}\\ R_{\mathrm{z}}=\sum_{i=1}^{4}f_iV_{\mathrm{q}i\mathrm{z}}^{(1)}+(r_{\mathrm{c}}+t\sin\delta)\cos\alpha J_{\mathrm{z}}+(t\cos\delta-r_{\mathrm{c}}\tan\delta)K_{\mathrm{z}}\end{cases} \tag{5.30}$$

### 5.3.2 圆锥面族包络面的计算

根据单参曲面族的包络条件，有

$$\left(\frac{\partial\boldsymbol{R}}{\partial t},\frac{\partial\boldsymbol{R}}{\partial\alpha},\frac{\partial\boldsymbol{R}}{\partial u_{\mathrm{q}}}\right)=0 \tag{5.31}$$

式中，对参数$t$、$\alpha$求偏导数的计算如下：

$$\frac{\partial R_{\mathrm{x}}}{\partial t}=\sin\delta\cos\alpha I_{\mathrm{x}}+\sin\delta\sin\alpha J_{\mathrm{x}}+\cos\delta K_{\mathrm{x}} \tag{5.32}$$

$$\frac{\partial R_{\mathrm{x}}}{\partial\alpha}=-(r_{\mathrm{c}}+t\sin\delta)\sin\alpha I_{\mathrm{x}}+(r_{\mathrm{c}}+t\sin\delta)\cos\alpha J_{\mathrm{x}} \tag{5.33}$$

$$\frac{\partial R_{\mathrm{y}}}{\partial t}=\sin\delta\cos\alpha I_{\mathrm{y}}+\sin\delta\sin\alpha J_{\mathrm{y}}+\cos\delta K_{\mathrm{y}} \tag{5.34}$$

$$\frac{\partial R_{\mathrm{y}}}{\partial\alpha}=-(r_{\mathrm{c}}+t\sin\delta)\sin\alpha I_{\mathrm{y}}+(r_{\mathrm{c}}+t\sin\delta)\cos\alpha J_{\mathrm{y}} \tag{5.35}$$

$$\frac{\partial R_{\mathrm{z}}}{\partial t}=\sin\delta\cos\alpha I_{\mathrm{z}}+\sin\delta\sin\alpha J_{\mathrm{z}}+\cos\delta K_{\mathrm{z}} \tag{5.36}$$

$$\frac{\partial R_{\mathrm{z}}}{\partial\alpha}=-(r_{\mathrm{c}}+t\sin\delta)\sin\alpha I_{\mathrm{z}}+(r_{\mathrm{c}}+t\sin\delta)\cos\alpha J_{\mathrm{z}} \tag{5.37}$$

相比于参数$t$、$\alpha$，对参数$u_{\mathrm{q}}$求偏导数较为复杂，结果如下：

$$\begin{aligned}\frac{\partial R_{\mathrm{x}}}{\partial u_{\mathrm{q}}}=&\sum_{i=1}^{4}\frac{\mathrm{d}f_i}{\mathrm{d}u_{\mathrm{q}}}V_{\mathrm{q}i\mathrm{x}}^{(1)}+(r_{\mathrm{c}}+t\sin\delta)\cos\alpha\frac{\mathrm{d}I_{\mathrm{x}}}{\mathrm{d}u_{\mathrm{q}}}\\&+(r_{\mathrm{c}}+t\sin\delta)\sin\alpha\frac{\mathrm{d}J_{\mathrm{x}}}{\mathrm{d}u_{\mathrm{q}}}+(t\cos\delta-r_{\mathrm{c}}\tan\delta)\frac{\mathrm{d}K_{\mathrm{x}}}{\mathrm{d}u_{\mathrm{q}}}\end{aligned} \tag{5.38}$$

$$\frac{\partial R_y}{\partial u_q}=\sum_{i=1}^{4}\frac{\mathrm{d}f_i}{\mathrm{d}u_q}V_{qiy}^{(1)}+(r_c+t\sin\delta)\cos\alpha\frac{\mathrm{d}I_y}{\mathrm{d}u_q}$$
$$+(r_c+t\sin\delta)\sin\alpha\frac{\mathrm{d}J_y}{\mathrm{d}u_q}+(t\cos\delta-r_c\tan\delta)\frac{\mathrm{d}K_y}{\mathrm{d}u_q} \tag{5.39}$$

$$\frac{\partial R_z}{\partial u_q}=\sum_{i=1}^{4}\frac{\mathrm{d}f_i}{\mathrm{d}u_q}V_{qiz}^{(1)}+(r_c+t\sin\delta)\cos\alpha\frac{\mathrm{d}I_z}{\mathrm{d}u_q}$$
$$+(r_c+t\sin\delta)\sin\alpha\frac{\mathrm{d}J_z}{\mathrm{d}u_q}+(t\cos\delta-r_c\tan\delta)\frac{\mathrm{d}K_z}{\mathrm{d}u_q} \tag{5.40}$$

上面三式中，有

$$\frac{\mathrm{d}K_x}{\mathrm{d}u_q}=\frac{\sqrt{M}\left(\sum_{i=1}^{4}\frac{\mathrm{d}f_i}{\mathrm{d}u_q}V_{qix}^{(21)}\right)-\left(\sum_{i=1}^{4}f_iV_{qix}^{(21)}\right)\frac{M'}{\sqrt{M}}}{M} \tag{5.41}$$

$$\frac{\mathrm{d}K_y}{\mathrm{d}u_q}=\frac{\sqrt{M}\left(\sum_{i=1}^{4}\frac{\mathrm{d}f_i}{\mathrm{d}u_q}V_{qiy}^{(21)}\right)-\left(\sum_{i=1}^{4}f_iV_{qiy}^{(21)}\right)\frac{M'}{\sqrt{M}}}{M} \tag{5.42}$$

$$\frac{\mathrm{d}K_z}{\mathrm{d}u_q}=\frac{\sqrt{M}\left(\sum_{i=1}^{4}\frac{\mathrm{d}f_i}{\mathrm{d}u_q}V_{qiz}^{(21)}\right)-\left(\sum_{i=1}^{4}f_iV_{qiz}^{(21)}\right)\frac{M'}{\sqrt{M}}}{M} \tag{5.43}$$

$$M'=\left(\sum_{i=1}^{4}f_iV_{qix}^{(21)}\right)\left(\sum_{i=1}^{4}\frac{\mathrm{d}f_i}{\mathrm{d}u_q}V_{qix}^{(21)}\right)+\left(\sum_{i=1}^{4}f_iV_{qiy}^{(21)}\right)\left(\sum_{i=1}^{4}\frac{\mathrm{d}f_i}{\mathrm{d}u_q}V_{qiy}^{(21)}\right)$$
$$+\left(\sum_{i=1}^{4}f_iV_{qiz}^{(21)}\right)\left(\sum_{i=1}^{4}\frac{\mathrm{d}f_i}{\mathrm{d}u_q}V_{qiz}^{(21)}\right) \tag{5.44}$$

$$\frac{\mathrm{d}I_x}{\mathrm{d}u_q}=\frac{-\frac{\mathrm{d}K_y}{\mathrm{d}u_q}(K_x^2+K_y^2)+K_y\left(K_x\frac{\mathrm{d}K_x}{\mathrm{d}u_q}+K_y\frac{\mathrm{d}K_y}{\mathrm{d}u_q}\right)}{(K_x^2+K_y^2)^{\frac{3}{2}}} \tag{5.45}$$

$$\frac{\mathrm{d}I_y}{\mathrm{d}u_q}=\frac{-\frac{\mathrm{d}K_x}{\mathrm{d}u_q}(K_x^2+K_y^2)+K_x\left(K_x\frac{\mathrm{d}K_x}{\mathrm{d}u_q}+K_y\frac{\mathrm{d}K_y}{\mathrm{d}u_q}\right)}{(K_x^2+K_y^2)^{\frac{3}{2}}} \tag{5.46}$$

$$\frac{\mathrm{d}J_x}{\mathrm{d}u_q}=-\frac{\mathrm{d}K_z}{\mathrm{d}u_q}I_y-K_z\frac{\mathrm{d}I_y}{\mathrm{d}u_q} \tag{5.47}$$

$$\frac{\mathrm{d}J_y}{\mathrm{d}u_q}=\frac{\mathrm{d}K_z}{\mathrm{d}u_q}I_x+K_z\frac{\mathrm{d}I_x}{\mathrm{d}u_q} \tag{5.48}$$

$$\frac{\mathrm{d}J_z}{\mathrm{d}u_q}=\frac{\mathrm{d}K_x}{\mathrm{d}u_q}I_y+K_x\frac{\mathrm{d}I_y}{\mathrm{d}u_q}-(\frac{\mathrm{d}K_y}{\mathrm{d}u_q}I_x+K_y\frac{\mathrm{d}I_x}{\mathrm{d}u_q}) \tag{5.49}$$

式（5.29）、式（5.31）联立可计算出包络面。

为简单起见，本节针对刀轴轨迹面的第一段曲面片描述了刀具包络面的计算过程，针对其他段刀轴轨迹曲面，欲计算刀具包络面，只需替换相应的控制顶点即可。

### 5.3.3 特征线与包络误差的计算

#### 1. 特征线的计算

式（5.31）简记为 $f(t,\ \alpha,\ u_q)=0$，可得到 $\alpha=\alpha(t,\ u_q)$，带入式（5.29），得到包络面方程 $\boldsymbol{R}=\boldsymbol{R}\left(t,\alpha(t,u_q),u_q\right)$。令 $u_q$ 取固定值，再令 $t$ 取定值即得到特征点，特征点的集合便为特征线。

#### 2. 包络误差的计算

由包络面上各点向工件直纹面做垂线，与垂足点的距离（需判断正负）就是包络误差。设针对要加工的工件直纹面选取 $T$ 个刀位，则形成 $T-1$ 段刀轴轨迹面的曲面片，则相对于工件直纹面整个加工区域的包络误差的计算步骤如下：

（1）令 $i=1$，即选择第 1 个刀轴曲面片；

（2）令参数 $u_q=0$；

（3）令参数 $t=0$；

（4）由式（5.31）计算出参数 $\alpha$；

（5）由式（5.29）得到包络面上点的坐标，计算该点至工件直纹面的距离值，并判断该值的符号，过切为负，欠切为正；

（6）令参数 $t$ 取一个新的数值，重复步骤（4）和步骤（5），直至 $t=t_{max}$，$t_{max}$ 可通过在工件直纹面上的垂足点是否超过曲面的边界来判断；

（7）令参数 $u_q$ 取一个新的数值，重复步骤（3）～步骤（6），直至 $u_q=1$；

（8）令 $i=i+1$，重复步骤（2）～步骤（7），直至 $i=T-1$。

## 5.4　实例计算结果

加工对象仍为第 5 个曲面片，刀具条件如下：圆锥刀小端半径 $r_c=5\,\text{mm}$、锥顶半角 $\delta=5°$。初始刀位由 $v=0$、$v=1$ 两点偏置获取。刚体运动参数 $x_t$、$y_t$、$z_t$、$\lambda$、$\theta$、$\phi$ 的取值范围分别设为-1～1 mm、-1～1mm、-0.01～0.01mm、-3～3°、-3～3°、-3～3°。刀位的最优性判定条件式（5.5）中的 $n$ 取 11，即在两端的 $\boldsymbol{P}_1$、$\boldsymbol{P}_n$ 之间再均匀插入 9 个点，采用 11 个点进行最小二乘逼近。

### 5.4.1　计算过程中影响因素的优选

由于算法中引入了随机数，所以每次的运算结果都会有差异。除此之外，参数的离散化取值数 $p$ 与每个变量范围内重复计算次数 $N$ 对包络误差也有一定程度的影响，而局部固定坐标系坐标原点 $\boldsymbol{O}$ 位置的变化，即式（5.6）中 $\tau$ 的取值大小则对包络误差影响不大。图 5.6 为重复计算次数 $N$ 与极差的关系，每一相同条件下计算 3 次（本小节下同），可以发现，重复计算次数小于 9 时，计算结果的分散范围较大，当 $N$=15 时，3 次计算结果已经非常接近且总体均值较小。

图 5.7 为参数离散化取值数 $p$ 与极差的关系，在 $p$ 取 11～15 时，极差的结果分散范围小且总体均值也小。

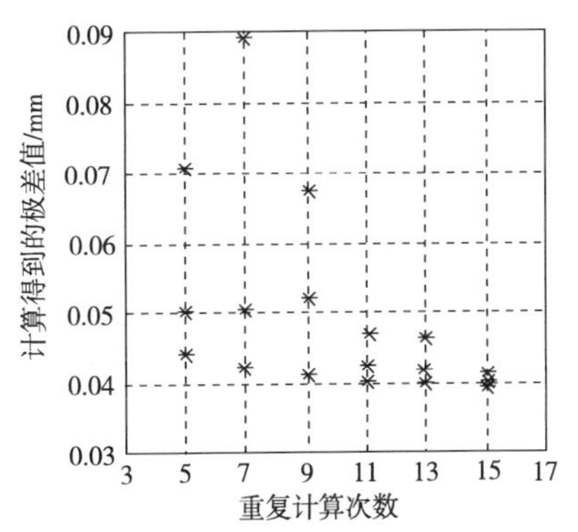


图 5.6　重复计算次数与极差的关系（$p$=11）

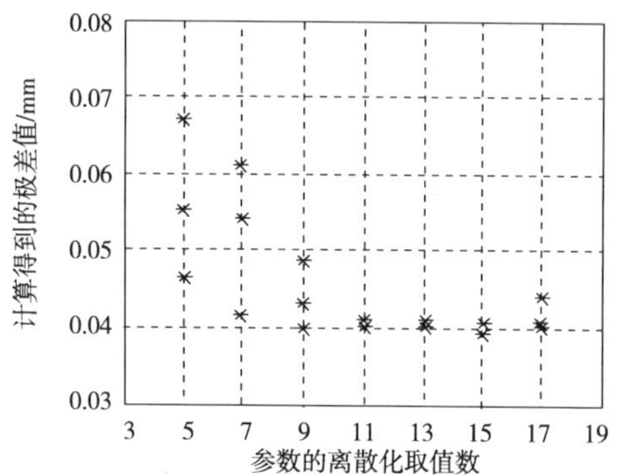


图 5.7　参数的离散化取值数与极差的关系（$N$=15）

在实际操作过程中还发现，确定初始刀位时，刀轴第二点不是由直母线上 $v$=1 的点而是改由 $v$<1 的另一点偏置获得也会对计算结果产生较为显著的影响，图 5.8 为确定初始刀位时 $v$ 的取值与极差的关系，可见，当 $v$=0.95 时包络误差可以进一步降低。

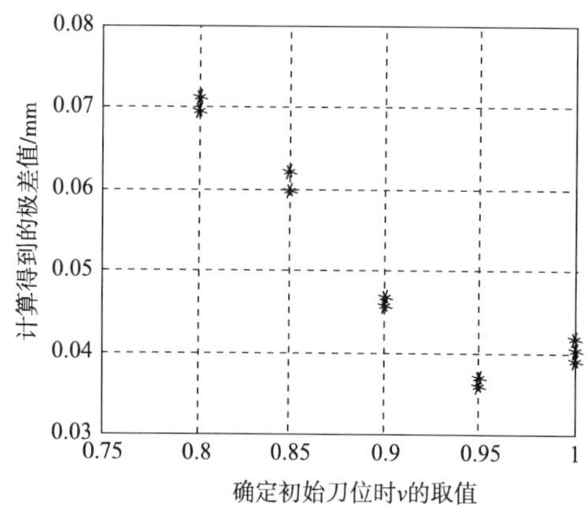


图 5.8　确定初始刀位时第二点 $v$ 的取值与极差的关系（$p$=11、$N$=15）

### 5.4.2　最优结果的生成与分析

根据上面的讨论，最终确定各相关因素的取值为 $p$=11、$N$=15，初始刀位刀轴的第二点由直纹面上直母线 $v$=0.95 的点偏置获得，式（5.6）中 $\tau$ 取 0.5。表 5.2 为初始轴迹面边界 B 样条曲线控制顶点，图 5.9 则表示初始轴迹面下曲面包络误差的大小与分布情况，极差值达到 0.1mm 的数量级。表 5.3 列出了连续 10 次刀轴轨迹优化后计算的曲面包络误差结果，为方便比较，数据保留小数点后 5 位。10 组极差值的均值为 0.0364mm，标准差为 $3.53\times10^{-4}$，可以看

出，每次运行结果差异不大，基本在 0.037mm 以内，远小于优化前的包络误差。由表可知，第 8 次运算的结果数值最小，作为本算例的最优结果，与此对应的回转与平移参数值见表 5.4，在此条件下便可生成最优刀轴轨迹面，该轨迹面的边界 B 样条曲线控制顶点见表 5.5，图 5.10 为最优刀轴轨迹面下的曲面包络误差的大小与分布。

**表 5.2　初始轴迹面边界 B 样条曲线控制顶点**　　单位：mm

| 叶片根部对应轴迹面准线 | | | 叶片顶部对应轴迹面准线 | | |
|---|---|---|---|---|---|
| $X_B$ | $Y_B$ | $Z_B$ | $X_B$ | $Y_B$ | $Z_B$ |
| −62.9840 | 67.8263 | 44.1387 | −89.9115 | 120.7878 | 92.6439 |
| −62.9174 | 68.0939 | 43.9553 | −89.7624 | 120.9568 | 92.4938 |
| −62.7842 | 68.6292 | 43.5887 | −89.4642 | 121.2949 | 92.1937 |
| −62.5837 | 69.4290 | 43.0414 | −89.0179 | 121.8001 | 91.7442 |
| −62.3823 | 70.2266 | 42.4960 | −88.5723 | 122.3037 | 91.2955 |
| −62.1800 | 71.0221 | 41.9528 | −88.1273 | 122.8057 | 90.8474 |
| −62.0441 | 71.5509 | 41.5924 | −87.8312 | 123.1390 | 90.5492 |
| −61.9761 | 71.8153 | 41.4123 | −87.6832 | 123.3056 | 90.4001 |

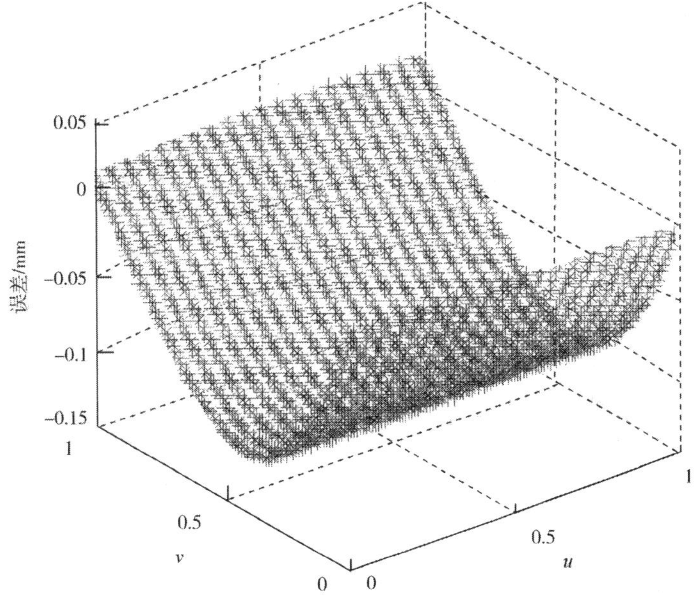


图 5.9　按初始刀轴轨迹的曲面包络误差

**表 5.3　连续 10 次的包络误差计算结果**

| 运行次数 | 计算结果 | | |
| --- | --- | --- | --- |
| | 最大过切量/mm | 最大欠切量/mm | 极差/mm |
| 1 | −0.017 97 | 0.018 24 | 0.036 21 |
| 2 | −0.017 53 | 0.018 47 | 0.036 00 |
| 3 | −0.017 68 | 0.018 44 | 0.036 12 |
| 4 | −0.017 81 | 0.019 23 | 0.037 04 |
| 5 | −0.017 62 | 0.018 47 | 0.036 09 |
| 6 | −0.017 64 | 0.019 07 | 0.036 71 |
| 7 | −0.017 81 | 0.018 75 | 0.036 56 |
| 8 | −0.017 46 | 0.018 49 | 0.035 95 |
| 9 | −0.017 55 | 0.018 93 | 0.036 48 |
| 10 | −0.017 67 | 0.018 87 | 0.036 54 |

**表 5.4　最优平移与回转参数**

| 最优参数 | 参数 $u$ 的取值 | | | | | |
| --- | --- | --- | --- | --- | --- | --- |
| | 0 | 0.2 | 0.4 | 0.6 | 0.8 | 1.0 |
| $x_t^*$ /mm | −0.1396 | −0.1797 | −0.1138 | −0.0428 | −0.1409 | −0.1401 |
| $y_t^*$ /mm | −0.2732 | −0.5669 | −0.0952 | 0.4161 | −0.2973 | −0.3048 |
| $z_t^*$ /mm | −0.0073 | −0.0065 | −0.0016 | −0.0042 | −0.0082 | 0.0043 |
| $\lambda^*$ /° | 0.8493 | 0.7971 | 0.8754 | 0.9684 | 0.8331 | 0.8432 |
| $\theta^*$ /° | −0.1385 | −0.2099 | −0.1491 | −0.0815 | −0.2011 | −0.1510 |
| $\phi^*$ /° | −2.8309 | −2.2652 | 0.3414 | 2.5696 | 1.0949 | −2.4087 |

**表 5.5　优化后轴迹面边界 B 样条曲线控制顶点**　　单位：mm

| 叶片根部对应轴迹面准线 | | | 叶片顶部对应轴迹面准线 | | |
| --- | --- | --- | --- | --- | --- |
| $X_B$ | $Y_B$ | $Z_B$ | $X_B$ | $Y_B$ | $Z_B$ |
| −62.9301 | 68.0315 | 43.9399 | −90.3447 | 120.1584 | 90.0724 |
| −62.9058 | 68.1721 | 43.8709 | −90.2675 | 120.2253 | 92.9926 |
| −62.8572 | 68.4534 | 43.7329 | −90.1133 | 120.3591 | 92.8332 |
| −62.5014 | 69.7312 | 42.7662 | −89.3997 | 121.2499 | 92.1212 |
| −62.0362 | 71.3155 | 41.5251 | −88.5055 | 122.3828 | 91.2327 |
| −62.2070 | 70.9774 | 41.9733 | −88.6938 | 121.9798 | 91.3967 |
| −62.0255 | 71.6591 | 41.4931 | −88.3181 | 122.4368 | 91.0247 |
| −61.9347 | 72.0000 | 41.2530 | −88.1302 | 122.6653 | 90.8388 |

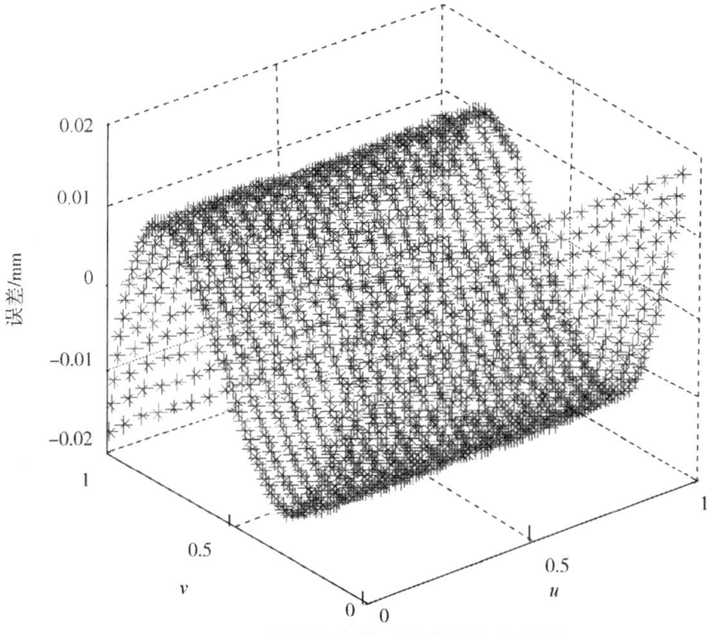

图 5.10　刀轴轨迹优化后的曲面包络误差

表 5.6 列出了叶片曲面 $u=0$ 位置生成的最优刀轴［对应刀轴轨迹第 1 曲面片 $u_q$=0，见式（4.7）］11 个采样点对应的实际特征点与理想特征点的距离大小，其余位置类似。可见，实际特征点与理想特征点二者的位置非常接近，表明理想特征点的确定方法是合理的，这样就可以绕开复杂的包络面求解而只通过单个刀位直接获得特征点，使优化计算过程大为简化。

**表 5.6　实际特征点与理想特征点的距离**

| 轴线上点的序号 | 实际特征点与理想特征点的距离/mm |
|---|---|
| 0 | 0.0017 |
| 1 | 0.0022 |
| 2 | 0.0025 |
| 3 | 0.0026 |
| 4 | 0.0026 |
| 5 | 0.0024 |
| 6 | 0.0021 |
| 7 | 0.0019 |
| 8 | 0.0020 |
| 9 | 0.0026 |
| 10 | 0.0039 |

## 5.5 本章小结

本章针对圆锥刀侧铣加工非可展直纹面的刀轴轨迹规划问题，将刀具轴线上诸点在设计曲面上的法向投影点的集合定义为法向映射曲线，并给出一种刀具包络面尚未形成时理想特征点的计算方法，该方法可绕开复杂的包络面计算而直接获得，进而提出一种单刀位最优性判定条件，即每瞬时法向映射曲线与特征线实现最小二乘逼近。在用两点偏置法生成初始刀位的基础上，利用刚体运动学方法将刀轴位姿用 3 个回转与 3 个平移运动参数描述，建立起单刀位优化条件与 6 个运动参数的非显性的函数关系，并提出采用拉丁超立方的实验设计方法求解优化模型的策略。实例计算可知，在优选相关参数的条件下，可以达到很好的优化效果，刀轴优化后的包络误差显著降低，并且计算过程中随机数的引入并不影响计算结果的总体稳定性。该方法可为非可展直纹面的圆锥刀侧铣加工提供一定的理论依据。

### 参 考 文 献

[1] 宫虎，曹利新，刘健. 数控侧铣加工非可展直纹面的刀位整体优化原理与方法. 机械工程学报，2005，41（11）：134-139.

[2] 朱利民，丁汉，熊有伦. 非球头刀宽行五轴数控加工自由曲面的三阶切触法（Ⅰ）：刀具包络曲面的局部重建原理. 中国科学：技术科学，2010，40（11）：1268 -1275.

[3] 阎长罡，刘宇，崔云先，等. 圆锥刀侧铣非可展直纹面刀轴轨迹规划的特征线方法.机械工程学报，2015，51（19）：206-212.

[4] 刘晓路，陈英武，荆显荣，等. 优化拉丁方试验设计方法及其应用. 国防科技大学学报，2011，33（5）：73-77.

[5] 陈国栋. 基于代理模型的多目标优化方法及其在车身设计中的应用. 长沙：湖南大学博士学位论文，2012.

[6] 李俊芳，张步涵. 基于进化算法改进拉丁超立方抽样的概率潮流计算. 中国电机工程学报，2011，31（25）：90-96.

[7] 张建平，张立波，程浩忠，等. 基于改进拉丁超立方抽样的概率潮流计算. 华东电力，2013，41（10）：2028-2034.

# 第 6 章 基于智能优化算法的侧铣加工刀位规划

本章仍以圆锥刀为主要研究对象，从圆锥面的几何性质及包络理论出发，研究单个刀位的生成方法，力求将单个刀位的优化目标与刀具包络面向设计曲面逼近的整体目标统一起来，并提出一个以刀轴位姿参数为自变量的单刀位的误差度量函数，将该度量函数取最小值作为单刀位的最优性判定条件。由于曲面加工问题的复杂性，该度量函数与刀轴位姿参数之间难以建立起显式的解析表达式，因而难以直接应用传统的方法进行优化求解。

目前一些智能优化算法在工程领域得到了较为广泛的应用，并且取得了很好的优化效果，尤其对于没有明确的表达式、缺少导数信息的优化问题更是表现出了传统方法不可比拟的优越性。

从本质上讲，刀位规划问题也属于一类优化问题，因而，该问题的优化求解自然可与智能优化算法联系起来。本章将以粒子群优化算法、遗传算法、蚁群算法为例，给出刀位优化问题的求解思路和具体的实现方法。

## 6.1 侧铣加工刀位的最优性判定条件

为方便描述问题，给出如下当量半径的定义。

定义 6.1：通过圆锥面轴线上一点 $\boldsymbol{P}$ 做圆锥面的垂线，垂足为 $\boldsymbol{Q}$，称长度 $|\boldsymbol{PQ}|$ 为轴线上一点 $\boldsymbol{P}$ 对应的当量半径，记为 $r_{\mathrm{e}}(\boldsymbol{P})$，如图 6.1 所示。

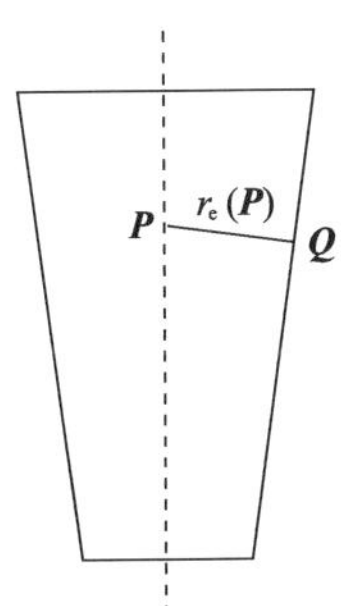


图 6.1　圆锥面轴线上一点的当量半径

设有一圆锥面 $\varSigma_1$ 按某一参数运动，$\varSigma_2$ 为待加工曲面，$\varSigma_2$：$\boldsymbol{r}_{\mathrm{w}}=\boldsymbol{r}_{\mathrm{w}}(u,v)$，$u$、$v$ 为曲面参数。某一刀位下，过 $\varSigma_1$ 轴线上各点 $\boldsymbol{P}_1$、$\boldsymbol{P}_2$、…、$\boldsymbol{P}_n$（$n\in[1,\infty)$，为采样点数）做工件曲面 $\varSigma_2$ 的垂线，垂足记为 $\boldsymbol{Q}_1$、$\boldsymbol{Q}_2$、…、$\boldsymbol{Q}_n$，如图 6.2 所示。假设理想状态下可实现工件曲面的零误差加工，即刀具包络面与 $\varSigma_2$ 重合，则每一刀位下必有

$$|\boldsymbol{P}_i\boldsymbol{Q}_i|=r_{\mathrm{e}}(\boldsymbol{P}_i) \quad (i=1,2,\cdots,n，\ \forall n) \tag{6.1}$$

即式（6.1）为实现零误差加工的必要条件。当工件曲面 $\varSigma_2$ 为非可展直纹面时，“非可展”的几何特性决定了直纹面侧铣加工原理误差的不可避免性，式（6.1）所示的必要条件无法得到满足。显而易见，为减少误差，应使每一个 $|\boldsymbol{P}_i\boldsymbol{Q}_i|$ 与 $r_{\mathrm{e}}(\boldsymbol{P}_i)$ 尽可能接近，当所有刀位均满足此条件时，才有可能实现刀具包络面向工件直纹面的最大限度的逼近。

根据以上分析，可以给出圆锥刀侧铣非可展直纹面的单刀位最优性判定条件，即

$$\min_{c\in\mathbf{C}} f=\sum_{i=1}^{n}[|\boldsymbol{P}_i\boldsymbol{Q}_i|-r_{\mathrm{e}}(\boldsymbol{P}_i)]^2 \tag{6.2}$$

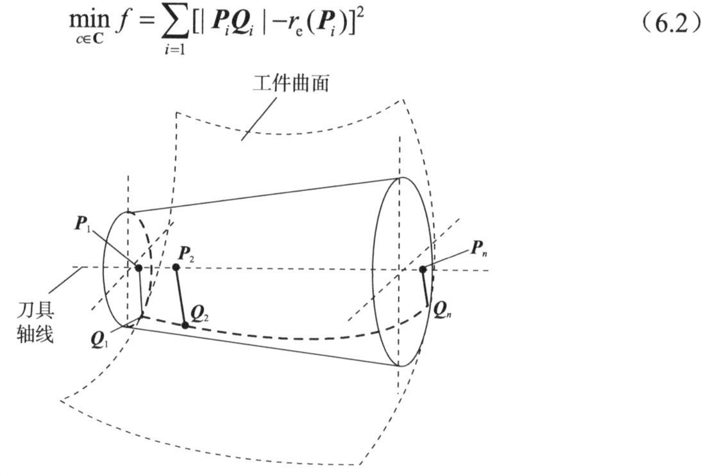


图 6.2 刀具轴线上点与工件曲面上垂足点的对应关系

式中，$c$ 表示刀轴位姿；$\mathbf{C}=\{c\}$ 为刀轴位姿的集合。即每个刀位应满足刀轴上各点到工件直纹面的距离与其当量半径之差的平方和为最小，从而将刀具面族形成的包络面向工件直纹面的逼近问题转化为每一个刀位下的最小二乘优化问题。

式（6.2）中，由于刀轴上既定点的当量半径是已知的，因此式（6.2）中

的核心部分就是如何计算（刀轴上的）点 $\boldsymbol{P}_i$ 到（直纹）面 $\boldsymbol{r}_{\mathrm{w}}(u,v)$ 的距离的问题。设垂足点的坐标为 $(u_i,\ v_i)$，则该点满足以下条件：

$$\begin{cases}[\boldsymbol{P}_i-\boldsymbol{r}_{\mathrm{w}}(u_i,v_i)]\cdot\boldsymbol{r}_{\mathrm{wu}}(u_i,v_i)=0\\ [\boldsymbol{P}_i-\boldsymbol{r}_{\mathrm{w}}(u_i,v_i)]\cdot\boldsymbol{r}_{\mathrm{wv}}(u_i,v_i)=0\end{cases}\tag{6.3}$$

该方程解析求解非常复杂，并不便于实际操作。目前对于此类问题的研究多采用数值法[1]。可见，式（6.2）虽然为位姿参数的函数，但难以建立明确的函数表达式，因而无法用传统的优化方法求解。与之相反，以粒子群算法、遗传算法、蚁群算法等为代表的智能优化方法对于处理此类没有明确表达式以及导数信息的优化问题时则表现出了特殊的能力。

式（6.2）就是后面各优化方法求解的目标函数。

## 6.2　几个典型的测试函数

本章将采用粒子群算法、遗传算法、蚁群算法对刀位优化问题进行求解，实际上，尽管这些方法已在诸多方面取得了成功的应用，但是关于算法本质的理论分析成果还不完善，并没有真正反映算法的运行机制及真正的收敛性，为确保各算法设计及程序实现的正确性与有效性，需要对算法进行一定的测试。

本章选用的测试函数如下。

函数 1[2]：

$$f(X)=-20\exp(-0.2\sqrt{\frac{1}{2}\sum_{j=1}^{2}x_j^2})-\exp[\frac{1}{2}\sum_{j=1}^{2}\cos(2\pi x_j)]+20+\exp(1.0)\quad x_j\in[-5,5]\tag{6.4}$$

函数 2[3]：

$$f(X)=0.5+\frac{\sin^2\sqrt{{x_1}^2+{x_2}^2}-0.5}{[1+0.001({x_1}^2+{x_2}^2)]^2}\quad x_1,x_2\in[-100,100]\tag{6.5}$$

函数 3[3]：

$$f(X)={x_1}^2+2{x_2}^2-0.3\cos(3\pi x_1)-0.4\cos(4\pi x_2)+0.7\quad x_1,x_2\in[-100,100]\tag{6.6}$$

函数 4[3]：

$$f(X)=({x_1}^2+{x_2}^2)^{0.25}[1+\sin^2 50({x_1}^2+{x_2}^2)^{0.1}]\quad x_1,x_2\in[-100,100]\tag{6.7}$$

上述 4 个测试函数的全局最优解均为 $f(X^*)=0$，$(x_1^*, x_2^*)=(0, 0)$。函数 1 是指数函数叠加上适度放大的余弦波再经调制而得到的连续型实验函数，其特征是在一个几乎平坦的区域内由余弦波调制形成一个个孔或峰，从而使曲面起伏不平，文献[2]中给出的最优结果为−0.005 456；函数 2 在全局最优解周围存在着无穷多个局部极小值将其包围，并且函数强烈震荡，是一个难求解的多模复杂函数；函数 3 与函数 4 有多个局部极小值。

在实际操作中发现，算法的种群数对算法的性能影响很大，当种群数 pop_size 很小时，通常每次运行结果与全局极值有较大偏离，且分散范围较大。当种群数 pop_size 增大时，每次的计算结果分散范围显著减小，但有可能聚集在局部极值处，如函数 2，容易聚集在 0.0097 附近。当 pop_size 进一步增大，取某个数值 pop_size = pop_size* 时，算法才总体稳定地收敛于全局极值处。pop_size 进一步增大，对提高算法的精度并无帮助却显著增加了程序的运行时间。因此不论采用何种算法，针对每个测试函数都是在找到其 pop_size* 值后进行的性能分析。

后续的程序均利用 VS2003.NET 平台下 C#语言编制。运行的机器环境：主频 2.72GHz，内存 2.0G。规定数值小于 $1\times10^{-8}$ 的视为 0。

程序中获取算法计算时间的代码如下：

```
DateTime starttime = DateTime.Now;
//注释：获取此计算机上当前时间即初始时间
{
…优化算法本体…
}
DateTime endtime = DateTime.Now;
//注释：获取此计算机上当前时间即算法结束时的时间
TimeSpan span = endtime – starttime;
//注释：计算时间间隔
double seconds = span.TotalSeconds;
//注释：以整秒数和秒的小数部分表示时间间隔
```

## 6.3 基于粒子群优化算法的刀位规划

由 Eberhart 和 Kennedy 于 1995 年提出的粒子群优化算法（particle swarm

optimization，PSO）是一种全局优化进化算法，源于对鸟群和鱼群群体觅食运动行为的模拟[4]。PSO 作为一种并行优化算法，具有简单、有效的特点，易于实现同时又有深刻的智能背景，既适合科学研究，又特别适合工程应用，目前已经得到了众多学者的重视[5,6]，可以用于解决大量非线性、不可微和多峰值的复杂优化问题，并已广泛用于科学和工程领域，如函数优化、神经网络训练、多目标优化、模式分类和模糊系统控制等领域[4,7]。

## 6.3.1　基本粒子群优化算法的过程描述

种群中的每一个粒子按照如下方程来更新自己的速度和位置[8]：

$$\boldsymbol{v}_i^{(k+1)} = \omega \boldsymbol{v}_i^{(k)} + c_1 r_1 (\tilde{\boldsymbol{P}}_{i,\text{pbest}}^{(k)} - \tilde{\boldsymbol{P}}_i^{(k)}) + c_2 r_2 (\tilde{\boldsymbol{P}}_{i,\text{gbest}}^{(k)} - \tilde{\boldsymbol{P}}_i^{(k)}) \tag{6.8}$$

$$\tilde{\boldsymbol{P}}_i^{(k+1)} = \tilde{\boldsymbol{P}}_i^{(k)} + \boldsymbol{v}_i^{(k+1)} \tag{6.9}$$

式中，$c_1$、$c_2$ 为学习因子，通常 $c_1 = c_2 = 2$；$\tilde{\boldsymbol{P}}_i^{(k)}$ 表示第 $i$ 个粒子在计算世代数为 $k$ 后的位置；$\tilde{\boldsymbol{P}}_{i,\text{pbest}}^{(k)}$ 为第 $i$ 个粒子自身在计算世代数为 $k$ 后的最优位置；$\tilde{\boldsymbol{P}}_{i,\text{gbest}}^{(k)}$ 为整个种群在计算世代数为 $k$ 后的最优位置；$\boldsymbol{v}_i^{(k)}$、$\boldsymbol{v}_i^{(k+1)}$ 为第 $i$ 个粒子在当前（计算世代数为 $k$ 时）和下一代的飞行速度；$r_1$、$r_2$ 为[0, 1]的随机数；$\omega$ 为惯性系数。

## 6.3.2　粒子群优化算法的性能测试

在用粒子群算法进行测试时，最大计算代数取 50，粒子数取 500。各测试函数的计算结果如表 6.1 所示，由求解的结果可以发现，几个测试函数均可以求得全局最优解，在一定程度上表明粒子群优化算法程序编制的有效性及正确性。

**表 6.1　粒子群优化算法求解测试函数的结果**

| 测试函数 | 计算次数 | $x_1$ | $x_2$ | 函数值 | 计算时间/s |
|---|---|---|---|---|---|
| 测试函数 1 | 1 | 0 | 0 | 0 | 0.0156 |
| | 2 | 0 | 0 | 0 | 0 |
| | 3 | 0 | 0 | 0 | 0 |
| 测试函数 2 | 1 | 0 | 0 | 0 | 0.0313 |
| | 2 | 0 | 0 | 0 | 0.0313 |
| | 3 | 0 | 0 | 0 | 0.0313 |

续表

| 测试函数 | 计算次数 | $x_1$ | $x_2$ | 函数值 | 计算时间/s |
|---|---|---|---|---|---|
| 测试函数 3 | 1 | 0 | 0 | 0 | 0.0156 |
| | 2 | 0 | 0 | 0 | 0.0156 |
| | 3 | 0 | 0 | 0 | 0.0156 |
| 测试函数 4 | 1 | 0 | 0 | 0 | 0.0313 |
| | 2 | 0 | 0 | 0 | 0.0313 |
| | 3 | 0 | 0 | 0 | 0.0156 |

### 6.3.3 基于粒子群优化算法的刀位计算

#### 1. 刀轴位姿的描述

设描述直纹面的工件坐标系$\{\boldsymbol{O}_{\mathrm{w}},\ X_{\mathrm{w}}Y_{\mathrm{w}}Z_{\mathrm{w}}\}$三坐标轴的单位矢量分别用$\boldsymbol{i}_{\mathrm{w}}$、$\boldsymbol{j}_{\mathrm{w}}$、$\boldsymbol{k}_{\mathrm{w}}$表示。初始刀轴位置的确定采用两点偏置法，即保证直纹面在同一直母线的两端点处与刀具曲面相切，且需要保证直纹面一侧与圆锥刀的小端相切。图6.2 中，以$\boldsymbol{Q}_1$、$\boldsymbol{Q}_n$表示同一直母线的两端点，$\boldsymbol{P}_1$、$\boldsymbol{P}_n$为偏置法确定的表征刀具轴线的两端点。为描述方便，将此时初始位置的$\boldsymbol{P}_1$、$\boldsymbol{P}_n$记为$\boldsymbol{P}_1^{(0)}$、$\boldsymbol{P}_n^{(0)}$。

在$\boldsymbol{P}_1^{(0)}$处，建立一个局部坐标系$\{\boldsymbol{P}_1^{(0)},\ X_1Y_1Z_1\}$，各坐标轴单位矢量分别为$\boldsymbol{i}_1$、$\boldsymbol{j}_1$、$\boldsymbol{k}_1$，$Z_1$轴方向与直母线方向平行，$\boldsymbol{k}_1=\dfrac{\boldsymbol{Q}_n-\boldsymbol{Q}_1}{|\boldsymbol{Q}_n-\boldsymbol{Q}_1|}$，$Y_1$轴方向为曲面的法线方向，即$\boldsymbol{j}_1=\dfrac{\boldsymbol{P}_1^{(0)}-\boldsymbol{Q}_1}{|\boldsymbol{P}_1^{(0)}-\boldsymbol{Q}_1|}$，$\boldsymbol{i}_1=\boldsymbol{j}_1\times\boldsymbol{k}_1$。同样可在$\boldsymbol{P}_n^{(0)}$处，建立一个局部坐标系$\{\boldsymbol{P}_n^{(0)},\ X_nY_nZ_n\}$，坐标轴单位矢量$\boldsymbol{k}_n=\boldsymbol{k}_1$，$\boldsymbol{j}_n=\dfrac{\boldsymbol{P}_n^{(0)}-\boldsymbol{Q}_n}{|\boldsymbol{P}_n^{(0)}-\boldsymbol{Q}_n|}$，$\boldsymbol{i}_n=\boldsymbol{j}_n\times\boldsymbol{k}_n$。将各坐标轴单位矢量以方向余弦的形式表示如下：

$$\begin{bmatrix}\boldsymbol{i}_1\\\boldsymbol{j}_1\\\boldsymbol{k}_1\end{bmatrix}=\begin{bmatrix}I_{1\mathrm{x}} & I_{1\mathrm{y}} & I_{1\mathrm{z}}\\J_{1\mathrm{x}} & J_{1\mathrm{y}} & J_{1\mathrm{z}}\\K_{1\mathrm{x}} & K_{1\mathrm{y}} & K_{1\mathrm{z}}\end{bmatrix}\begin{bmatrix}\boldsymbol{i}_{\mathrm{w}}\\\boldsymbol{j}_{\mathrm{w}}\\\boldsymbol{k}_{\mathrm{w}}\end{bmatrix} \tag{6.10a}$$

$$\begin{bmatrix}\boldsymbol{i}_n\\\boldsymbol{j}_n\\\boldsymbol{k}_n\end{bmatrix}=\begin{bmatrix}I_{n\mathrm{x}} & I_{n\mathrm{y}} & I_{n\mathrm{z}}\\J_{n\mathrm{x}} & J_{n\mathrm{y}} & J_{n\mathrm{z}}\\K_{n\mathrm{x}} & K_{n\mathrm{y}} & K_{n\mathrm{z}}\end{bmatrix}\begin{bmatrix}\boldsymbol{i}_{\mathrm{w}}\\\boldsymbol{j}_{\mathrm{w}}\\\boldsymbol{k}_{\mathrm{w}}\end{bmatrix} \tag{6.10b}$$

如图 6.3 所示，在坐标系$\{\boldsymbol{P}_1^{(0)},\ X_1Y_1Z_1\}$中，沿平行坐标轴方向设立一个小长方体区域，作为$\boldsymbol{P}_1^{(0)}$的调整域，其位置用三个坐标区间$[X_{1\min},\ X_{1\max}]$、

$[Y_{1\min}, Y_{1\max}]$、$[Z_{1\min}, Z_{1\max}]$表示，同理可在坐标系$\{\boldsymbol{P}_n^{(0)}, X_nY_nZ_n\}$中，建立另外一个小长方体区域，其位置用三个坐标区间$[X_{n\min}, X_{n\max}]$、$[Y_{n\min}, Y_{n\max}]$、$[Z_{n\min}, Z_{n\max}]$限定。令$\boldsymbol{P}_1$点、$\boldsymbol{P}_n$点分别在各自的调整域内变动，即沿各自曲面的法向（$Y$向）以及两个切向（$X$向及$Z$向）产生小的位移$\delta y_1$、$\delta x_1$、$\delta z_1$以及$\delta y_n$、$\delta x_n$、$\delta z_n$，变动量可表示为

$$\delta\boldsymbol{r}_1 = \delta x_1\boldsymbol{i}_1 + \delta y_1\boldsymbol{j}_1 + \delta z_1\boldsymbol{k}_1 \tag{6.11a}$$

$$\delta\boldsymbol{r}_n = \delta x_n\boldsymbol{i}_n + \delta y_n\boldsymbol{j}_n + \delta z_n\boldsymbol{k}_n \tag{6.11b}$$

利用式（6.10a）、式（6.10b）可将变动量值写入到工件坐标系，即

$$\begin{aligned}\delta\boldsymbol{r}_1 = &(\delta x_1 I_{1\mathrm{x}} + \delta y_1 J_{1\mathrm{x}} + \delta z_1 K_{1\mathrm{x}})\boldsymbol{i}_\mathrm{w} + (\delta x_1 I_{1\mathrm{y}} + \delta y_1 J_{1\mathrm{y}} + \delta z_1 K_{1\mathrm{y}})\boldsymbol{j}_\mathrm{w} \\ &+ (\delta x_1 I_{1\mathrm{z}} + \delta y_1 J_{1\mathrm{z}} + \delta z_1 K_{1\mathrm{z}})\boldsymbol{k}_\mathrm{w}\end{aligned} \tag{6.12a}$$

$$\begin{aligned}\delta\boldsymbol{r}_n = &(\delta x_n I_{n\mathrm{x}} + \delta y_n J_{n\mathrm{x}} + \delta z_n K_{n\mathrm{x}})\boldsymbol{i}_\mathrm{w} + (\delta x_n I_{n\mathrm{y}} + \delta y_n J_{n\mathrm{y}} + \delta z_n K_{n\mathrm{y}})\boldsymbol{j}_\mathrm{w} \\ &+ (\delta x_n I_{n\mathrm{z}} + \delta y_n J_{n\mathrm{z}} + \delta z_n K_{n\mathrm{z}})\boldsymbol{k}_\mathrm{w}\end{aligned} \tag{6.12b}$$

于是变动后的端点为

$$\boldsymbol{P}_1 = \boldsymbol{P}_1^{(0)} + \delta\boldsymbol{r}_1 \tag{6.13a}$$

$$\boldsymbol{P}_n = \boldsymbol{P}_n^{(0)} + \delta\boldsymbol{r}_n \tag{6.13b}$$

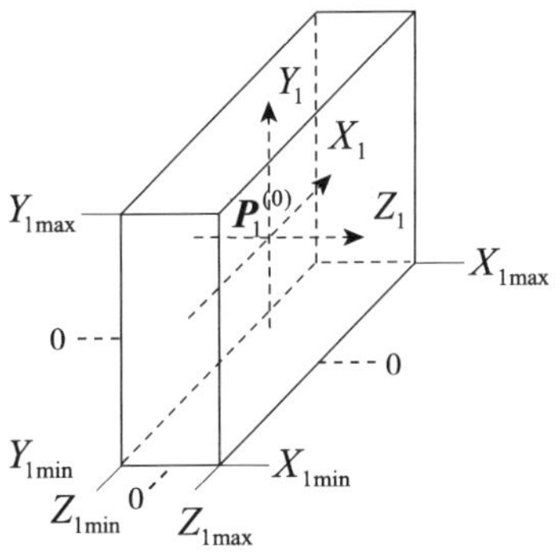


图 6.3　端点 $\boldsymbol{P}_1$ 处的小长方体区域

$\boldsymbol{P}_1\boldsymbol{P}_n$表示调整后的刀轴位姿。在这一系列刀轴位姿中，满足式（6.2）条件者即为所求。

**2. 初始种群的生成**

初始种群的生成采用如下步骤。

（1）将坐标区间$[X_{1\min}, X_{1\max}]$、$[Y_{1\min}, Y_{1\max}]$、$[Z_{1\min}, Z_{1\max}]$离散化，各取$l$个$\delta x_1$、$m$个$\delta y_1$、$q$个$\delta z_1$值，获得$S = l\times m\times q$个$(\delta x_1,\delta y_1,\delta z_1)$组合，通过式

（6.12a）、式（6.13a）即可获得 $S$ 个 $\boldsymbol{P}_1$ 取值构成一个矢量数组 $\boldsymbol{P}_1[0]$、$\boldsymbol{P}_1[1]$、…、$\boldsymbol{P}_1[S-1]$。

（2）定义一个大小为 $S$ 的矢量数组 $\hat{\boldsymbol{P}}_1[]$，用以存放 $\boldsymbol{P}_1$ 的一个随机排列。

（3）令整数 $N=S-1$，整数 $I=0$。

（4）在 0～$N$ 产生一个随机整数 rand。

（5）令 $\hat{\boldsymbol{P}}_1[I]=\boldsymbol{P}_1[\mathrm{rand}]$。

（6）若 $\mathrm{rand}\neq S-1$，则将 $\boldsymbol{P}_1$ 数组中 rand 位后面的每一元素（不含 $\boldsymbol{P}_1[\mathrm{rand}]$）均前移一位。

（7）令 $N=N-1$，$I=I+1$，重复步骤（4）～步骤（7），直至 $N=0$，则获得随机排列数组 $\hat{\boldsymbol{P}}_1[]$。

（8）同步骤（1）～步骤（7），将坐标区间 $[X_{n\min}, X_{n\max}]$、$[Y_{n\min}, Y_{n\max}]$、$[Z_{n\min}, Z_{n\max}]$ 做同样处理，可获得随机排列数组 $\hat{\boldsymbol{P}}_n[]$。

（9）将数组 $\hat{\boldsymbol{P}}_1[]$ 与 $\hat{\boldsymbol{P}}_n[]$ 中相同位置的元素取出作为一个点对，便生成了 $S$ 个刀轴矢量，均为关于 $\delta x_1$、$\delta y_1$、$\delta z_1$、$\delta x_n$、$\delta y_n$、$\delta z_n$ 的 6 维矢量，可记为 $\tilde{\boldsymbol{P}}_i=\hat{\boldsymbol{P}}_n[i]-\hat{\boldsymbol{P}}_1[i]$，或者写为 $\tilde{\boldsymbol{P}}_i=\tilde{\boldsymbol{P}}_i(\delta x_1, \delta y_1, \delta z_1, \delta x_n, \delta y_n, \delta z_n)$，$i=0, 1, \cdots, S-1$。

（10）重复 $N_r$ 次步骤（1）～步骤（9），可获得 $N_r\times S$ 个 6 维矢量，作为粒子群算法的初始种群。

**3. 刀位优化计算实例**

加工对象与圆锥刀已知参数同前，即小端半径 $r_c=5\,\mathrm{mm}$，锥顶半角 $\delta=5°$。叶片曲面参数以 $u$、$v$ 表示，$u\in[0,1]$，$v\in[0,1]$。本叶片曲面共有 40 个（编号 0～39）曲面片。为便于比较，仍以第 5 曲面片为例。工件曲面上均匀选取 $T=6$ 个刀位，即准线参数 $u$ 分别取 0、0.2、0.4、0.6、0.8、1.0。在每个轴线上均匀选取 11 点进行距离差的平方和计算。计算的流程见图 6.4。

利用本章的优化方法时，为使优化后的刀轴尽量位于初始位置附近而不至过于偏离，位置参数变动的范围 $[X_{1\min}, X_{1\max}]$、$[Y_{1\min}, Y_{1\max}]$、$[Z_{1\min}, Z_{1\max}]$ 以及 $[X_{n\min}, X_{n\max}]$、$[Y_{n\min}, Y_{n\max}]$、$[Z_{n\min}, Z_{n\max}]$ 均取 $[-0.05, 0.05]$（mm），同时各粒子的 6 维初始速度值均取较小的数值 0.2，惯性系数 $\omega$ 初始值取 0.9 并逐代递减。各参数区间全部均匀选取 11 个离散值，即 $l=m=q=11$，$N_r$ 取 3，共选取 11×11×11×3=3993 个粒子。

表 6.2 给出了 $u=0$ 位置的单刀位的优化结果。$u$ 取其他数值时类似。

**表 6.2　单刀位的优化结果**

| 计算次数 | 函数值 | 计算时间/s |
|---|---|---|
| 1 | 0.001 34 | 4.187 5 |
| 2 | 0.001 23 | 4.140 6 |
| 3 | 0.001 27 | 4.109 4 |

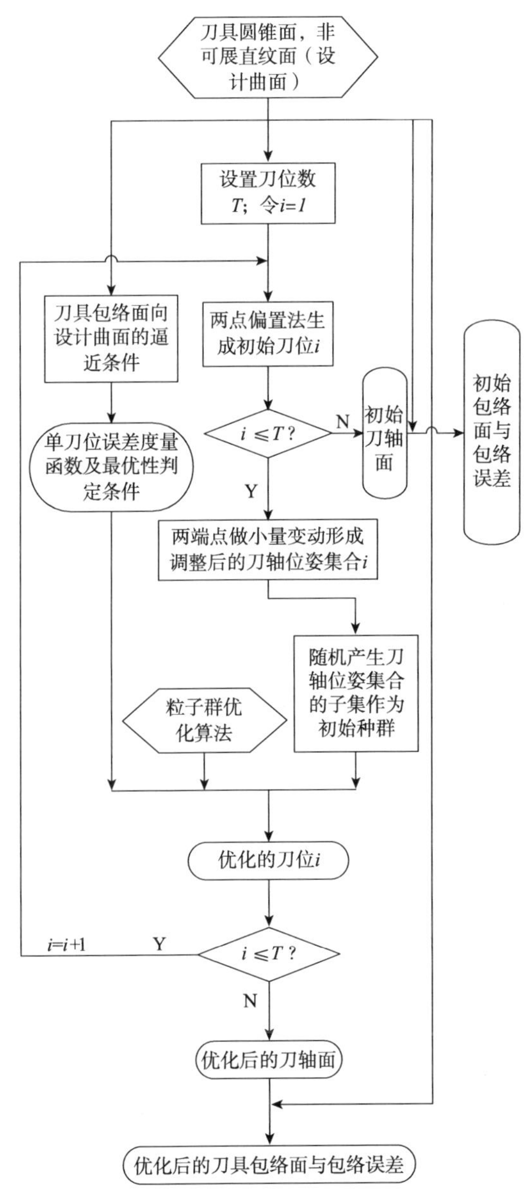

图 6.4　刀轴轨迹规划流程图

图 6.5 为粒子群算法第 1 次计算函数值随计算世代数的收敛状况，其余各次结果收敛状况类似。

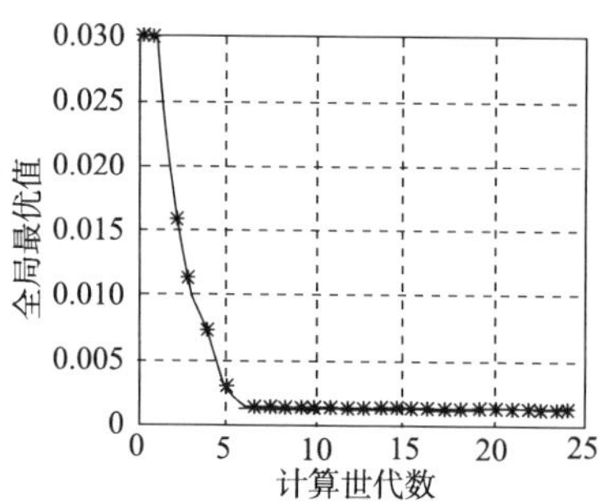


图 6.5　粒子群方法计算结果的收敛情况

利用粒子群优化方法，可以计算得到一个刀位优化后的刀轴位姿，同理可以确定其余一系列刀位的刀轴位姿，进而生成优化后的刀轴轨迹面。依托于刀轴轨迹面，可建立与刀具固联的运动坐标系$\{\boldsymbol{O},\ XYZ\}$，如图 6.6 所示，设各坐标轴单位矢量分别为$\boldsymbol{i}$、$\boldsymbol{j}$、$\boldsymbol{k}$。$\boldsymbol{k}$为刀具轴线方向单位矢量，有$\boldsymbol{k}=\dfrac{\boldsymbol{P}_n-\boldsymbol{P}_1}{|\boldsymbol{P}_n-\boldsymbol{P}_1|}=\left.\dfrac{\boldsymbol{r}^{(n)}-\boldsymbol{r}^{(1)}}{|\boldsymbol{r}^{(n)}-\boldsymbol{r}^{(1)}|}\right|_{同一参数i,\xi}$，可写成如下分量形式：

$$\boldsymbol{k}=K_{\mathrm{x}}\boldsymbol{i}_{\mathrm{w}}+K_{\mathrm{y}}\boldsymbol{j}_{\mathrm{w}}+K_{\mathrm{z}}\boldsymbol{k}_{\mathrm{w}} \tag{6.14}$$

令

$$\boldsymbol{i}=\frac{\boldsymbol{k}_{\mathrm{w}}\times\boldsymbol{k}}{|\boldsymbol{k}_{\mathrm{w}}\times\boldsymbol{k}|}=\frac{-K_{\mathrm{y}}}{\sqrt{K_{\mathrm{x}}^2+K_{\mathrm{y}}^2}}\boldsymbol{i}_{\mathrm{w}}+\frac{K_{\mathrm{x}}}{\sqrt{K_{\mathrm{x}}^2+K_{\mathrm{y}}^2}}\boldsymbol{j}_{\mathrm{w}}=I_{\mathrm{x}}\boldsymbol{i}_{\mathrm{w}}+I_{\mathrm{y}}\boldsymbol{j}_{\mathrm{w}} \tag{6.15}$$

则

$$\boldsymbol{j}=\boldsymbol{k}\times\boldsymbol{i}=-K_{\mathrm{z}}I_{\mathrm{y}}\boldsymbol{i}_{\mathrm{w}}+K_{\mathrm{z}}I_{\mathrm{x}}\boldsymbol{j}_{\mathrm{w}}+(K_{\mathrm{x}}I_{\mathrm{y}}-K_{\mathrm{y}}I_{\mathrm{x}})\boldsymbol{k}_{\mathrm{w}}=J_{\mathrm{x}}\boldsymbol{i}_{\mathrm{w}}+J_{\mathrm{y}}\boldsymbol{j}_{\mathrm{w}}+J_{\mathrm{z}}\boldsymbol{k}_{\mathrm{w}} \tag{6.16}$$

在此基础上可建立刀具圆锥面（族）的方程，进而求得包络面及包络误差，具体过程同第 5 章，不再赘述。

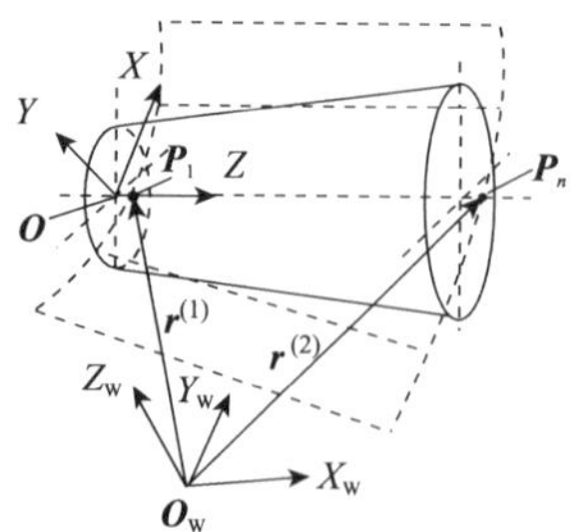


图 6.6　刀具坐标系

表6.3为初始刀轴轨迹面两端准线的控制顶点。初始轴迹面下曲面包络误差的大小与分布情况见图6.7，图中的 $h$ 表示包络误差，可见误差已达到0.1mm。

**表 6.3　初始轴迹面边界 B 样条曲线控制顶点**　　单位：mm

| 叶片根部对应轴迹面准线 | | | 叶片顶部对应轴迹面准线 | | |
|---|---|---|---|---|---|
| $X_w$ | $Y_w$ | $Z_w$ | $X_w$ | $Y_w$ | $Z_w$ |
| −62.984 | 67.826 | 44.139 | −89.912 | 120.788 | 92.644 |
| −62.917 | 68.094 | 43.955 | −89.762 | 120.957 | 92.494 |
| −62.784 | 68.629 | 43.589 | −89.464 | 121.295 | 92.194 |
| −62.584 | 69.429 | 43.041 | −89.018 | 121.800 | 91.744 |
| −62.382 | 70.227 | 42.496 | −88.572 | 122.304 | 91.296 |
| −62.180 | 71.022 | 41.953 | −88.127 | 122.806 | 90.847 |
| −62.044 | 71.551 | 41.592 | −87.831 | 123.139 | 90.549 |
| −61.976 | 71.815 | 41.412 | −87.683 | 123.306 | 90.400 |

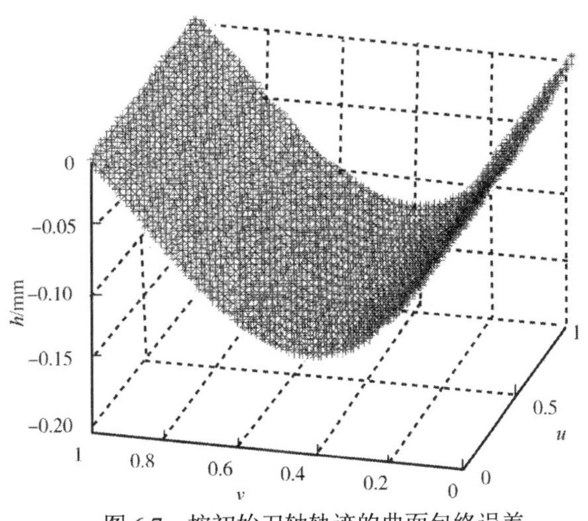


图 6.7　按初始刀轴轨迹的曲面包络误差

表 6.4 列出了利用粒子群优化算法进行刀位优化后的曲面包络误差，给出了连续 20 次的计算结果。表中的极差的均值为 0.0352mm，均方差为 0.000 59。

表 6.4　基于粒子群算法的直纹面的包络误差

| 计算次数 | 最大过切/mm | 最大欠切/mm | 极差值/mm |
|---|---|---|---|
| 1 | 0.0188 | 0.0166 | 0.0354 |
| 2 | 0.0190 | 0.0165 | 0.0355 |
| 3 | 0.0180 | 0.0170 | 0.0350 |
| 4 | 0.0180 | 0.0179 | 0.0359 |
| 5 | 0.0182 | 0.0164 | 0.0346 |
| 6 | 0.0189 | 0.0157 | 0.0346 |
| 7 | 0.0183 | 0.0162 | 0.0345 |
| 8 | 0.0184 | 0.0168 | 0.0351 |
| 9 | 0.0184 | 0.0181 | 0.0364 |
| 10 | 0.0176 | 0.0169 | 0.0345 |
| 11 | 0.0190 | 0.0161 | 0.0351 |
| 12 | 0.0189 | 0.0164 | 0.0353 |
| 13 | 0.0190 | 0.0168 | 0.0358 |
| 14 | 0.0185 | 0.0173 | 0.0358 |
| 15 | 0.0176 | 0.0172 | 0.0348 |
| 16 | 0.0179 | 0.0167 | 0.0346 |
| 17 | 0.0186 | 0.0158 | 0.0344 |
| 18 | 0.0185 | 0.0175 | 0.0360 |
| 19 | 0.0182 | 0.0173 | 0.0355 |
| 20 | 0.0178 | 0.0169 | 0.0347 |

以表 6.4 中的第 17 次计算结果作为最终的优化结果，此时初始刀轴两端的调整量见表 6.5，优化后的刀轴轨迹面两端准线的控制顶点坐标如表 6.6 所示，工件曲面片的误差大小与分布见图 6.8。

需要提到的一点是粒子群优化算法具有很强的寻优能力，算法对各个参数的敏感度低，比如参数的取值范围由±0.05mm 变更为±0.01mm 或者±0.5mm，几乎不对最终的结果产生任何影响，其余参数如粒子运行速度等选择的范围也较宽。对结果影响最大的因素是粒子初始种群的大小与构成，但只需满足一定的数量要求和随机性就可以得到较好的优化结果。

表 6.5　形成最优刀位的平移参数

| 最优参数 | 参数 $u$ 的取值 | | | | | |
|---|---|---|---|---|---|---|
| | 0 | 0.2 | 0.4 | 0.6 | 0.8 | 1.0 |
| $\delta x_1$ /mm | 0.7802 | 0.5297 | 0.4024 | 0.7596 | 0.3012 | 1.0911 |
| $\delta y_1$ /mm | 0.0137 | 0.0139 | 0.0136 | 0.0115 | 0.0143 | 0.0123 |
| $\delta z_1$ /mm | 0.3341 | 0.3081 | 0.3337 | 0.8119 | 0.2196 | 0.2289 |

续表

| 最优参数 | 参数 $u$ 的取值 | | | | | |
|---|---|---|---|---|---|---|
| | 0 | 0.2 | 0.4 | 0.6 | 0.8 | 1.0 |
| $\delta x_n$ /mm | −0.7489 | −0.9421 | −1.0467 | −0.7699 | −1.1170 | −0.4693 |
| $\delta y_n$ /mm | −0.0852 | −0.0563 | −0.1027 | −0.1639 | −0.0289 | −0.0687 |
| $\delta z_n$ /mm | −0.3994 | −0.1090 | −0.6039 | −0.8099 | 0.1033 | −0.3283 |

**表 6.6　优化后轴迹面边界 B 样条曲线控制顶点**　　单位：mm

| 叶片根部对应轴迹面准线 | | | 叶片顶部对应轴迹面准线 | | |
|---|---|---|---|---|---|
| $X_w$ | $Y_w$ | $Z_w$ | $X_w$ | $Y_w$ | $Z_w$ |
| −62.862 | 68.340 | 43.762 | −91.557 | 122.877 | 95.362 |
| −62.847 | 68.527 | 43.716 | −91.470 | 122.951 | 95.283 |
| −62.817 | 68.902 | 43.623 | −91.295 | 123.103 | 95.124 |
| −62.470 | 69.544 | 42.700 | −90.971 | 124.076 | 94.924 |
| −62.362 | 71.272 | 42.376 | −90.077 | 124.549 | 94.027 |
| −61.981 | 71.324 | 41.391 | −89.655 | 124.641 | 93.389 |
| −61.960 | 72.160 | 41.329 | −89.344 | 125.047 | 93.170 |
| −61.950 | 72.578 | 41.298 | −89.188 | 125.251 | 93.061 |

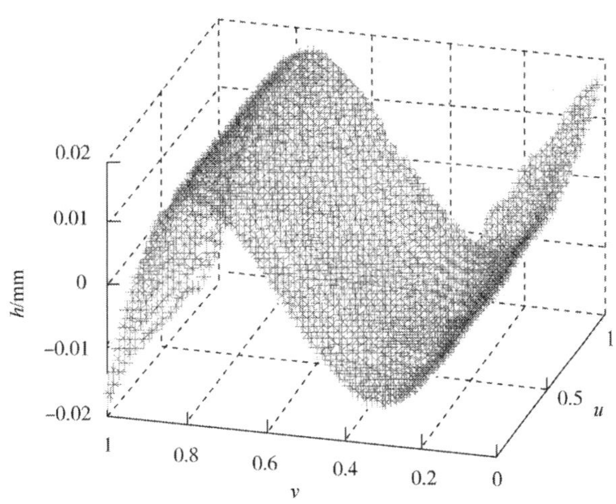


图 6.8　刀轴优化后的曲面包络误差

## 6.4 基于遗传算法的刀位规划

遗传算法（genetic algorithms，GA）是基于进化论的原理发展起来的一种高效的随机搜索与优化的方法，目前在工业工程、经济管理、交通运输、工业设计等许多领域里获得了广泛的应用[2]。

### 6.4.1 遗传算法的实现方式及性能测试

根据文献[2]，遗传算法可采用实数编码、算术交叉、非均匀变异的方式进行。

#### 1. 实数编码

实数编码，就是在自变量取值域内直接随机产生染色体组成初始种群，以一个含有两个未知数的优化方程为例，目标函数可表示为 $\min f(x_1, x_2)$，若 $x_1$、$x_2$ 均在[−5，5]，种群大小为 10，则随机生成初始种群如下：

$V_1 = [1.882\,446\,312\,746\,97，4.441\,329\,471\,308\,2]$

$V_2 = [3.325\,081\,601\,294\,62，-2.953\,458\,099\,411\,8]$

$V_3 = [0.410\,206\,949\,756\,008，1.315\,509\,078\,947\,31]$

$V_4 = [4.634\,711\,340\,248\,29，4.028\,541\,114\,924\,39]$

$V_5 = [-3.634\,453\,092\,481\,31，-1.596\,907\,683\,678\,87]$

$V_6 = [-0.425\,188\,721\,201\,421，3.710\,555\,709\,725\,26]$

$V_7 = [4.629\,855\,245\,928\,88，-0.642\,070\,785\,890\,206]$

$V_8 = [-3.616\,997\,124\,123\,02，4.540\,045\,101\,091\,66]$

$V_9 = [-0.376\,075\,260\,014\,702，-3.297\,459\,693\,739\,18]$

$V_{10} = [4.645\,124\,150\,736\,29，0.481\,182\,712\,448\,219]$

#### 2. 算术交叉

算术交叉定义为两个染色体的如下组合方式：

$$\boldsymbol{V}_{1\text{new}} = \boldsymbol{V}_{1\text{old}} + (1-\lambda)\boldsymbol{V}_{2\text{old}} \tag{6.17}$$

$$\boldsymbol{V}_{2\text{new}} = \boldsymbol{V}_{2\text{old}} + (1-\lambda)\boldsymbol{V}_{1\text{old}} \tag{6.18}$$

在选择交叉的染色体时，是根据产生的[0，1]的随机数与交叉率（如取 0.3）的比较来确定的，若第 $i$ 个随机数小于交叉率，则第 $i$ 个染色体被选中用来交叉，若获得的用以交叉的染色体数为偶数时，则依次两两结合进行交叉操作即可，但往往会出现选出的染色体为奇数个的情况，这时采取的方式是在种群中

随机选择一个染色体作为补充。

### 3. 非均匀变异

非均匀变异操作如下。

1）变异对象的选择

仍假设种群数为$pop_size$，每个染色体的元素（基因）数为$g$，则在[0,1]产生$pop_size \times g$个随机数，若第$i$个随机数小于变异率（如取 0.1），令$d(i, g)$、$m(i, g)$分别表示$i$除以$g$得到的整数与余数，若余数$m(i, g) \neq 0$，则取第$d(i, g)+1$个染色体中的第$m(i, g)$个元素作为变异对象；若$m(i, g)=0$，则取第$d(i, g)$个染色体中的第$g$个元素作为变异对象。如种群数为 10，每个染色体的元素数为 2，则在[0,1]产生 10×2=20 个随机数，若第 11 个随机数小于变异率，则取第 6 个染色体$V_6$中的第 1 个元素作为变异对象；若第 10 个随机数小于变异率，则取第 5 个染色体$V_5$中的第 2 个元素作为变异对象。

2）非均匀变异方式

对于给定的父代$V_{old}=[x_1, \cdots, x_k, \cdots, x_n]$，若其中的元素$x_k$被用来变异，设变异后的元素用$x'_k$表示，则$x'_k$随机地按照如下两种方式生成：

$$x'_k = x_k + (x_{k\max} - x_k) \cdot r \cdot (1-\frac{t}{T})^b \tag{6.19}$$

或

$$x'_k = x_k - (x_k - x_{k\min}) \cdot r \cdot (1-\frac{t}{T})^b \tag{6.20}$$

式中，$x_{k\max}$、$x_{k\min}$为元素$x_k$的上下界；$r$为[0,1]的随机数；$T$是最大代数；$t$是计算代数；$b$是确定非均匀度的参数，可有较宽的选择范围，如[0.1，20]。于是得到变异后的染色体为$V_{new}=[x_1, \cdots, x'_k, \cdots, x_n]$。

仍然对 4 个测试函数进行求解测试，计算时，最大计算代数取 500，种群数取 1000。计算结果如表 6.7 所示。可知，针对各测试函数，遗传算法亦可较为可靠、精确地得到全局最优解。

**表 6.7　遗传算法的测试结果**

| 测试函数 | 计算次数 | $x_1$ | $x_2$ | 函数值 | 计算时间/s |
|---|---|---|---|---|---|
| 测试函数 1 | 1 | $6.872\times10^{-6}$ | $-4.046\times10^{-5}$ | $1.161\times10^{-4}$ | 0.9688 |
| | 2 | $8.372\times10^{-5}$ | $1.886\times10^{-4}$ | $5.848\times10^{-4}$ | 0.9844 |
| | 3 | $-3.655\times10^{-6}$ | $-2.586\times10^{-6}$ | $1.266\times10^{-5}$ | 1.1250 |

续表

| 测试函数 | 计算次数 | $x_1$ | $x_2$ | 函数值 | 计算时间/s |
|---|---|---|---|---|---|
| 测试函数 2 | 1 | −0.0066 | −0.0055 | $7.416\times10^{-5}$ | 1.1563 |
| | 2 | −0.0063 | −0.0019 | $4.352\times10^{-5}$ | 1.0156 |
| | 3 | 0.0029 | 0.0107 | $1.225\times10^{-4}$ | 1.0156 |
| 测试函数 3 | 1 | −0.0012 | $-9.197\times10^{-5}$ | $2.180\times10^{-5}$ | 1.1094 |
| | 2 | $1.146\times10^{-4}$ | $-5.565\times10^{-5}$ | $2.921\times10^{-7}$ | 1.1094 |
| | 3 | 0.0015 | $-1.618\times10^{-4}$ | $3.409\times10^{-5}$ | 1.0625 |
| 测试函数 4 | 1 | 0 | 0 | $5.342\times10^{-5}$ | 14.2344 |
| | 2 | 0 | 0 | $1.970\times10^{-5}$ | 14.2188 |
| | 3 | 0 | 0 | $6.588\times10^{-6}$ | 14.2183 |

### 6.4.2 基于遗传算法的侧铣刀位优化计算

本小节所用遗传算法优化的目标函数、刀具参数、加工对象等均与 6.3 节相同，初始种群是在产生 3993 个初始解（见 6.3 节）的基础上随机选择 1000 个初始解（染色体）构成，最大计算代数取 250，遗传算法计算中的适值函数取目标函数的倒数，交叉率 $P_c = 0.5$，变异率 $P_m = 0.1$。表 6.8 列出了直纹面 $u = 0$ 位置单个刀位的优化结果，共计算了三次，其余位置类似，不再详细列出。图 6.9 为其中第一次计算全局最优值随计算代数的变化情况，可见运算结果的收敛情况还是很明显的。在获得所有优化的刀位后便可生成优化的刀轴轨迹面，表 6.9 列出了刀具按优化后刀轴面运动形成的相对叶片曲面包络误差的计算结果，共计算了 6 次，可以发现每次的结果相差不大，将其中极差数值最小的第 5 次运算结果作为最终的选择，此时表征刀轴轨迹面的两端边界 B 样条曲线的控制顶点见表 6.10。

**表 6.8 遗传算法的单刀位优化结果**

| 计算次数 | 函数值 | 计算时间/s |
|---|---|---|
| 1 | 0.001 52 | 20.687 5 |
| 2 | 0.001 54 | 20.921 9 |
| 3 | 0.001 52 | 20.703 1 |

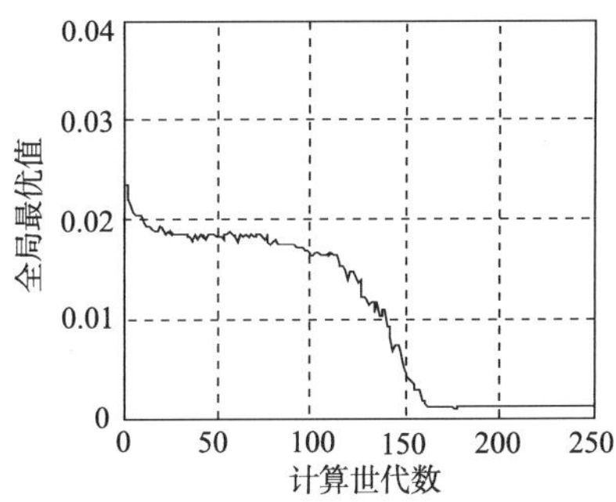


图 6.9　遗传算法计算结果的收敛情况

**表 6.9　基于遗传算法的直纹面的包络误差**

| 计算次数 | 最大过切/mm | 最大欠切/mm | 极差值/mm |
|---|---|---|---|
| 1 | 0.0165 | 0.0188 | 0.0353 |
| 2 | 0.0158 | 0.0216 | 0.0374 |
| 3 | 0.0188 | 0.0175 | 0.0363 |
| 4 | 0.0160 | 0.0198 | 0.0357 |
| 5 | 0.0163 | 0.0187 | 0.0350 |
| 6 | 0.0191 | 0.0172 | 0.0362 |

**表 6.10　优化后轴迹面边界 B 样条曲线控制顶点**　　单位：mm

| 叶片根部对应轴迹面准线 | | | 叶片顶部对应轴迹面准线 | | |
|---|---|---|---|---|---|
| $X_w$ | $Y_w$ | $Z_w$ | $X_w$ | $Y_w$ | $Z_w$ |
| −63.001 | 67.757 | 44.150 | −92.452 | 123.609 | 96.691 |
| −62.935 | 68.025 | 43.960 | −92.267 | 123.772 | 96.503 |
| −62.804 | 68.560 | 43.580 | −91.898 | 124.098 | 96.125 |
| −62.600 | 69.375 | 43.061 | −91.508 | 124.587 | 95.780 |
| −62.407 | 70.153 | 42.509 | −91.005 | 125.075 | 95.279 |
| −62.196 | 70.953 | 41.951 | −90.554 | 125.561 | 94.852 |
| −62.059 | 71.481 | 41.590 | −90.269 | 125.883 | 94.589 |
| −61.991 | 71.745 | 41.409 | −90.127 | 126.045 | 94.458 |

# 6.5 基于蚁群贪心算法的刀位优化

## 6.5.1 蚁群算法概述

蚁群算法（ant colony algorithm，ACA）是由意大利学者 Dorigo、Mahiezzo、Colorni 等受到人们对自然界中真实的蚁群集体行为的研究成果的启发而首先提出来的，他们充分利用蚁群搜索食物的过程与旅行商问题（traveling salesman problem，TSP）之间的相似性，通过人工模拟蚂蚁搜索食物的过程中个体之间的信息交流与相互协作，最终找到从蚁群到食物源的最短路径的原理，从而解决了 TSP 问题，取得了很好的结果。随后，蚁群算法被用来求解 job-shop 调度问题、指派问题等 NP 完全问题，显示出蚁群算法在求解复杂优化问题特别是离散优化问题方面的优越性[9]。

文献[10]对蚁群算法的原型进行了详细的说明，此处进行简要的介绍。

首先引入旅行商问题。旅行商问题就是指给定 $n$ 个城市和两两城市之间的距离，要求确定一条经过各城市当且仅当一次的最短路线。其图论描述为：给定图 $\mathbf{G}=(\mathbf{V},\ \mathbf{A})$，其中 $\mathbf{V}$ 为顶点集，$\mathbf{A}$ 为各顶点相互连接组成的边集，已知各顶点间的连接距离，要求确定一条长度最短的 Hamilton 回路，即遍历所有顶点当且仅当一次的最短回路[11]。

初始时刻，各条路径上的信息素量相等，设 $\tau_{ij}(0)=C$（$C$ 为常数）。蚂蚁 $k$（$k=1,\ 2,\ \cdots,\ m$）在运动过程中根据各条路径上的信息素量决定转移方向。在 $t$ 时刻，蚂蚁 $k$ 在城市 $i$ 选择城市 $j$ 的转移概率为

$$P_{ij}^{k}(t)=\begin{cases}\dfrac{\tau_{ij}^{\alpha}(t)\eta_{ij}^{\beta}(t)}{\sum\limits_{s\in \text{allowed}_k}\tau_{is}^{\alpha}(t)\eta_{is}^{\beta}(t)} & j\in \text{allowed}_k\\ 0 & \text{其他}\end{cases} \tag{6.21}$$

式中，$\text{allowed}_k=\{0,\ 1,\ \cdots,\ n-1\}$，表示蚂蚁 $k$ 下一步允许选择的城市；$\alpha$、$\beta$ 为两个参数，分别反映蚂蚁在运动过程中所积累的信息和启发信息在蚂蚁选择路径中的相对重要性。

各路径上信息素量根据以下公式调整：

$$\tau_{ij}(t+1)=(1-\rho)\tau_{ij}(t)+\Delta\tau_{ij}(t,t+1) \tag{6.22}$$

$$\Delta\tau_{ij}(t,t+1)=\sum_{k=1}^{m}\Delta\tau_{ij}^{k}(t,t+1) \tag{6.23}$$

式中，$\Delta\tau_{ij}^{k}(t,\ t+1)$ 表示第 $k$ 只蚂蚁在时刻 $(t,\ t+1)$ 留在路径 $(i,\ j)$ 上的信息素

量；$\Delta\tau_{ij}(t, t+1)$ 表示路径 $(i, j)$ 上的信息素量的增量；$\rho$ 为挥发系数。$\Delta\tau_{ij}^k(t, t+1)$ 的表达形式通常有如下两种：

$$\Delta\tau_{ij}^k(t,t+1)=\begin{cases}Q & (\bar{i},\bar{j})\\ 0 & (\not{i},\not{j})\end{cases} \tag{6.24}$$

$$\Delta\tau_{ij}^k(t,t+1)=\begin{cases}\dfrac{Q}{d_{ij}} & (\bar{i},\bar{j})\\ 0 & (\not{i},\not{j})\end{cases} \tag{6.25}$$

式中，$Q$ 为常数；$(\bar{i}, \bar{j})$ 表示第 $k$ 只蚂蚁在时刻 $(t, t+1)$ 经过边 $(i, j)$；$(\not{i}, \not{j})$ 则表示第 $k$ 只蚂蚁在时刻 $(t, t+1)$ 不经过边 $(i, j)$，前一种即蚁密系统（ant-density system），后一种则称为蚁量系统（ant-quantity system）。

## 6.5.2　蚁群贪心算法设计

从前面的介绍可知，蚁群优化算法本质上只适合于求解离散域问题，所以对蚁群算法的研究大多针对离散域问题展开[12]。难以处理连续空间的优化问题成为原型蚁群算法的一个缺点[9]。由于每个蚂蚁在每个阶段所作的选择总是有限的，其要求离散的解空间，因而其对组合优化等离散优化问题很适用，而对线性和非线性规划等连续空间的优化问题的求解不能直接应用。为了拓展蚁群算法的应用范围，将蚁群算法强大的寻优能力应用于求解连续空间的优化问题，不少专家学者进行了研究，设计出了各种改进算法[3,13-16]，已可以有效地通过多个测试函数的测试，并得到一定的工程应用。但是各文献采用的测试函数大多是二维的，超过二维的测试函数并不多见。实际上，蚁群算法存在的搜索时间长、解决连续参数优化问题的能力偏弱的不足并没有得到根本改观。

此处，将在原型蚁群算法的基础上，借鉴文献[17]的算法设计思路，提出一种简单高效的蚁群贪心算法，可方便地用于求解侧铣加工的刀位优化问题。

### 1. 算法的设计思路与实现

设优化问题描述为

$$\min f = f(\boldsymbol{X}) \tag{6.26}$$

式中，$f(\boldsymbol{X})$ 为目标函数，$\boldsymbol{X}=(x_1, x_2, \cdots, x_d)$ 为自变量或称为决策变量，由 $d$ 个分量构成。将每个分量的取值区间等分为 $N$ 个点，那么 $x_i$ 就有 $N$ 个选择 $x_{i1}$、$x_{i2}$，$\cdots$，$x_{iN}$，$d$ 维决策量 $\boldsymbol{X}$ 就有 $N^d$ 种选择组合。将每个分量的 $N$ 个取值点看作 $N$ 个城市 City，于是就形成了城市群 City$(i, j)$，分别对应数值 $x_{ij}$

（$i=1, \cdots, d$；$j=1, \cdots, N$）。将$i$取同一个数值的$N$个City定义为一个层$L_i$。先将$M$只蚂蚁Ant($l$)（$l=1, \cdots, M$）随机放到$x_1$的$N$个City中的$M$个City上，搜索开始后，蚂蚁按照转移概率进行转移。

转移概率表达式为

$$P_{(i,j)}^{(i+1,k)}=\frac{\tau_{(i,j)}^{(i+1,k)}}{\sum_{l=1}^{N}\tau_{(i,j)}^{(i+1,l)}} \tag{6.27}$$

上式的含义就是蚂蚁从$L_i$层的City($i$, $j$)移动到$L_{i+1}$层的City($i+1$, $k$)的概率。每只蚂蚁从$L_1$层开始，层层转移，一直到达$L_d$，第$l$只蚂蚁Ant($l$)走过的路径Tour($l$)就对应一个解$\boldsymbol{X}_l$，可由式（6.26）计算得到目标函数值。当$M$只蚂蚁均走完行程后，便形成了$M$个解$\boldsymbol{X}_l$（$l=1, \cdots, M$），其中目标函数最小者记为当前的最优解$\boldsymbol{X}^{(1)}$，然后将$\boldsymbol{X}^{(1)}$的各个分量细化重新建立搜索空间，重复以上过程，依次得到$\boldsymbol{X}^{(2)}$，$\boldsymbol{X}^{(3)}$，…，当满足停机条件时得到最优解$\boldsymbol{X}^*$。

式（6.27）中的$\tau_{(i,j)}^{(i+1,k)}$仍称作信息素浓度，计算如下：

$$\tau_{(i,j)}^{(i+1,k)}=\frac{1}{f(\boldsymbol{X}_l)}=\frac{1}{f(\cdots,x_{ij},x_{i+1,k},\cdots)} \tag{6.28}$$

式中，$f(\boldsymbol{X}_l)=f(\cdots, x_{ij}, x_{i+1,k}, \cdots)$表示的是第$l$只蚂蚁Ant($l$)对应的解$\boldsymbol{X}_l$的第$i$、$i+1$个分量取值$x_{ij}$和$x_{i+1,k}$，其余$d-2$个分量取值不限，即必须保证经过City($i$, $j$)和City($i+1$, $k$)两个城市。

下面给出算法的实现过程。

(1) 初始化，将自变量$\boldsymbol{X}$的$d$个分量$x_1$、$x_2$、…、$x_d$的取值区间等分为$N$个点，形成城市群City($i$, $j$)（$i=1, \cdots, d$，$j=1, \cdots, N$），表示形成了$d$个层，每层具有$N$个城市。

(2) 将$M$只蚂蚁Ant($l$)（$l=1, \cdots, M$）随机放到$x_1$的$N$个City中的$M$个City上，并赋予各蚂蚁一条初始路径Tour($l$)，即形成了$M$个初始解$\boldsymbol{X}_{l0}$（$l=1, \cdots, M$），$\boldsymbol{X}_{l0}$表示为$\boldsymbol{X}_{l0}=(x_{1,l(1)}^{(0)}, x_{2,l(2)}^{(0)}, \cdots, x_{d,l(d)}^{(0)})$，式中下角标“$i, l(i)$”（$i=1, \cdots, d$）表示第$l$个蚂蚁在$L_i$层通过的城市编号为$l(i)$。

(3) 令$l=1$，即选择第1只蚂蚁。

(4) 令$k=2$，选择第2层城市$L_2$。

(5) 令蚂蚁Ant(1)分别试着经过$L_2$层的$N$个城市City(2, $m$)（$m=1, \cdots, N$），替代原城市$l(2)$，即$\boldsymbol{X}_{10}$第2个分量分别取值$x_{21}$、$x_{22}$、…、$x_{2N}$来替换$x_{2,l(2)}^{(0)}$，将新获得的$\boldsymbol{X}_{10}$代入式（6.28）可计算获得信息素浓度$\tau_{(1,l(1))}^{(2,m)}$，并进一步通过

式（6.27）计算得到转移概率 $P_{(1,l(1))}^{(2,m)}$（$m=1, \cdots, N$），找出其中最大的概率值，并记录其位置 $G=\arg\max(P_{(1,l(1))}^{(2,m)} \mid m=1, \cdots, N)$，设定一个小于 1 的正数 $q_0$，称为阈值，通常 $q_0>0.5$，产生一个 (0,1) 的随机数 $r_1$，若 $r_1 \leqslant q_0$，则确定通过 City(2, $G$)，即 $x_{2,l(2)}^{(0)}$ 确定用 $x_{2,\mathrm{G}}$ 替换；否则，则在 [1, $N$] 生成一个随机整数 $H$，确定该层通过 City(2, $H$)，$x_{2,l(2)}^{(0)}$ 确定用 $x_{2,\mathrm{H}}$ 替换。

（6）令 $k=k+1$，即选择下一层城市，参照步骤（5），直至 $k=d$，可获得 Ant(1) 的当前最优路径。

（7）令 $l=l+1$，即选择下一只蚂蚁，重复步骤（4）～步骤（6），直至 $l=M$，可获得全部 Ant(1) ～ Ant($M$) 的当前最优路径。

（8）计算当前 $M$ 条最优路径对应的目标函数 $f(\boldsymbol{X}_l)$（$l=1,\cdots, M$），将其中目标函数最小者记为当前的最优解 $\boldsymbol{X}^{(1)}$。

（9）将 $\boldsymbol{X}^{(1)}$ 的各个分量细化重新建立搜索空间，也就是以 $\boldsymbol{X}^{(1)}$ 的各分量为中心，将自变量域的宽度进行压缩，即乘以一个比例系数 $k_0$（$k_0<1$），相当于把原自变量域的位置和宽度进行了重新调整，重复步骤（1）～步骤（8），可得到 $\boldsymbol{X}^{(2)}$，…，以此类推，当满足停机条件时得到最优解 $\boldsymbol{X}^*$。

**2. 算法的性能测试**

蚁群贪心算法求解测试函数的结果如表 6.11 所示，计算条件为 $N$=10，$M$=8。

**表 6.11　蚁群贪心算法求解测试函数的结果**

| 测试函数 | 计算次数 | $x_1$ | $x_2$ | 函数值 | 计算时间/s |
|---|---|---|---|---|---|
| 测试函数 1 | 1 | 0 | 0 | 0 | 0.0156 |
| | 2 | 0 | 0 | 0 | 0 |
| | 3 | 0 | 0 | 0 | 0.0156 |
| 测试函数 2 | 1 | $5.771\times10^{-7}$ | $-1.918\times10^{-8}$ | 0 | 0.3906 |
| | 2 | $-4.895\times10^{-7}$ | $-2.586\times10^{-7}$ | 0 | 0.3750 |
| | 3 | $1.062\times10^{-7}$ | $-2.558\times10^{-7}$ | 0 | 0.3750 |
| 测试函数 3 | 1 | $-1.333\times10^{-7}$ | $7.843\times10^{-8}$ | 0 | 0.0156 |
| | 2 | $-8.111\times10^{-8}$ | $7.843\times10^{-8}$ | 0 | 0.0156 |
| | 3 | $5.700\times10^{-8}$ | $7.843\times10^{-8}$ | 0 | 0 |
| 测试函数 4 | 1 | 0 | 0 | 0 | 0.0313 |
| | 2 | 0 | 0 | 0 | 0.0156 |
| | 3 | 0 | 0 | 0 | 0.0156 |

### 6.5.3 基于蚁群贪心算法的侧铣刀位优化计算结果与分析

计算实例与计算条件同前。利用式（6.13），直接针对初始刀轴上的两端点，令其在工件坐标系内做三向平移运动，即共有 6 个参数，$d=6$，在不致混淆的情况下，仍用 $\delta x_1$、$\delta y_1$、$\delta z_1$、$\delta x_n$、$\delta y_n$、$\delta z_n$ 表示（与式 6.12 中的相同符号意义有所区别），其变动区间均设为±0.1mm。每个参数均均匀选取 $N=10$ 个点，设立 $M=8$ 只蚂蚁，初始时刻，令蚂蚁随机分布在 10 个位置中的 8 处。最大计算代数 $T_{\max}=50$，步骤（5）中的阈值 $q_0$ 设为 0.8，步骤（9）中的比例系数 $k_0$ 取 0.9。表 6.12 列出了叶片曲面 $u=0$ 位置刀位的优化结果，共计算了 3 次，图 6.10 为第一次计算结果的收敛情况。其余位置类似。表 6.13 列出了连续 6 次包络误差的计算结果，可以发现计算结果总体非常稳定，而且与初始的包络误差相比，误差显著降低，显示了很好的优化效果。表 6.14 列出了第 6 次计算得到的刀轴轨迹面两端 B 样条曲线的控制顶点坐标，表 6.15 则为各位置初始刀轴变成优化刀轴后两端点的变动量（在工件坐标系内）。

由表 6.15 可以看到，最终获得的各调整量已经全面超过了初始设置的±0.1mm 的范围，表明该算法具有跳出设定范围之外寻优的能力，这实际上涉及算法各相关参数的合理选择以及组合问题。在本算法中，与优化结果密切相关的参数有自变量的范围、各分量区间划分的点数 $N$、蚂蚁个数 $M$、比例系数 $k_0$ 等，算法的评价指标当然是结果的精度和计算时间。初始自变量的范围设定过窄，算法跳出初始区域的能力变弱，使寻找最优解的难度加大；范围设定过宽，则需要更多的划分点数 $N$ 和蚂蚁个数 $M$，使计算时间增加，更重要的是会使优化后的刀位偏离初始刀位过大，导致相邻刀位的重叠或交叉引起刀位设置的不均匀而影响最终的包络效果。参数 $N$ 和 $M$ 同样需要合理地选择，本算法中 $M$ 应该小于等于 $N$，但不能差别过多，否则会影响蚂蚁在自变量域内的均匀分布而使寻优能力下降。比例系数 $k_0$ 同样非常重要，若设定过小，则容易陷入局部区域而寻不到较好的解；$k_0$ 接近于 1，则跨越区域的能力加大，容易找到全局最优，但需要相应地加大计算世代数 $T_{\max}$。

实际计算中各参数的确定就是在综合考虑上述各种因素并进行一定的测试基础上做出的，一个复杂的侧铣刀位优化问题，6 维变量，仅用 10 个采样点、8 只蚂蚁就可以得到很好的优化结果，在一定程度上证明了本算法的有效性与实用性。

**表 6.12　蚁群贪心算法的单刀位优化结果**

| 计算次数 | 函数值 | 计算时间/s |
| --- | --- | --- |
| 1 | 0.001 33 | 3.234 4 |
| 2 | 0.001 35 | 3.234 4 |
| 3 | 0.001 37 | 3.250 0 |

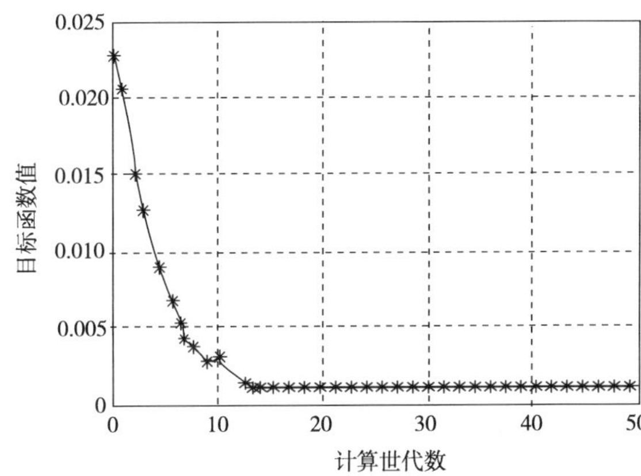


图 6.10　蚁群贪心算法计算结果的收敛情况

**表 6.13　基于蚁群贪心算法的直纹面的包络误差**

| 计算次数 | 最大过切/mm | 最大欠切/mm | 极差值/mm |
| --- | --- | --- | --- |
| 1 | 0.0183 | 0.0162 | 0.0345 |
| 2 | 0.0185 | 0.0165 | 0.0350 |
| 3 | 0.0183 | 0.0161 | 0.0344 |
| 4 | 0.0182 | 0.0165 | 0.0346 |
| 5 | 0.0186 | 0.0164 | 0.0350 |
| 6 | 0.0183 | 0.0160 | 0.0343 |

**表 6.14　优化后轴迹面边界 B 样条曲线控制顶点**　　　单位：mm

| 叶片根部对应轴迹面准线 | | | 叶片顶部对应轴迹面准线 | | |
| --- | --- | --- | --- | --- | --- |
| $X_w$ | $Y_w$ | $Z_w$ | $X_w$ | $Y_w$ | $Z_w$ |
| −62.748 | 68.441 | 43.461 | −91.457 | 123.069 | 95.263 |
| −62.690 | 68.752 | 43.299 | −91.294 | 123.245 | 95.110 |
| −62.574 | 69.376 | 42.974 | −90.966 | 123.597 | 94.805 |
| −62.361 | 70.089 | 42.402 | −90.526 | 124.054 | 94.362 |
| −62.200 | 70.747 | 41.967 | −90.192 | 124.534 | 94.074 |
| −61.927 | 71.742 | 41.240 | −89.619 | 125.194 | 93.526 |
| −61.811 | 72.350 | 40.936 | −89.302 | 125.540 | 93.235 |
| −61.753 | 72.654 | 40.784 | −89.144 | 125.713 | 93.089 |

表 6.15　形成最优刀位的平移参数

| 最优参数 | 参数 $u$ 的取值 | | | | | |
|---|---|---|---|---|---|---|
| | 0 | 0.2 | 0.4 | 0.6 | 0.8 | 1.0 |
| $\delta x_1$ /mm | 0.2360 | 0.2163 | 0.2135 | 0.2007 | 0.2360 | 0.2227 |
| $\delta y_1$ /mm | 0.6142 | 0.7103 | 0.6514 | 0.5770 | 0.7063 | 0.8385 |
| $\delta z_1$ /mm | −0.6774 | −0.6291 | −0.6166 | −0.5782 | −0.6681 | −0.6285 |
| $\delta x_n$ / mm | −0.2192 | −0.1965 | −0.2242 | −0.2907 | −0.2312 | −0.1961 |
| $\delta y_n$ / mm | −0.6182 | −0.5925 | −0.6095 | −0.5910 | −0.4701 | −0.4121 |
| $\delta z_n$ / mm | 0.1347 | 0.1239 | 0.1476 | 0.2339 | 0.1901 | 0.1762 |

## 6.6　本章小结

本节将智能优化算法引入求解圆锥刀侧铣刀位的优化问题当中。首先，从刀具包络面逼近于工件直纹面的整体目标出发，提出针对单个刀位的最优性判定条件，给出一个误差度量指标，作为优化算法的目标函数。其次，设置几个测试函数作为检验算法性能的初步依据。最后，利用三种智能优化方法对侧铣刀位优化问题进行了求解：提出利用粒子群优化方法求解刀位优化问题的策略，给出具体的操作方法，包括刀轴位姿的描述以及初始种群的生成等；利用遗传算法，给出了用以求解刀位优化问题的操作要点和实现方法；在原型蚁群算法的基础上，提出了一种改进的蚁群贪心算法，并给出了详细的实现过程。

通过三种智能优化方法优化刀位进而获得的工件直纹面的包络误差可以发现，三种方法均能够满足可靠地、高精度地进行刀位优化计算的要求，这就为工程应用提供了更多的选择。三种方法中，粒子群优化方法对参数的设定与组合不敏感，只需满足一定的种群数量和随机性即可；遗传算法性能稳定，但需要较多的种群数，计算的时间也稍长；蚁群贪心算法对相关参数的设置及组合有一定的要求，在相关参数选择合理的情况下，具有寻优能力强、计算效率高的优点，如本章中只用 8 只蚂蚁便可以得到满意的结果。

### 参 考 文 献

[1] 郭东明，孙玉文，贾振元.高性能精密制造方法及其研究进展. 机械工程学报，2014，50（11）：119-134.

[2] 玄光男，程润伟. 遗传算法与工程设计. 北京：科学出版社，2000：31-35.

[3] 李秋云，朱庆保，马卫. 用于连续域寻优的分组蚁群算法. 计算机工程与应用，2010，46（30）：46-49.

[4] 胡旺，李志蜀. 一种更简化而高效的粒子群优化算法. 软件学报，2007，18（4）：861-868.
[5] 杨维，李歧强. 粒子群优化算法综述. 中国工程科学，2004，6（5）：87-94.
[6] 钟一文，杨建刚，宁正元. 求解 TSP 问题的离散粒子群优化算法. 系统工程理论与实践，2006，（6）：88-94.
[7] 彭传勇，高亮，邵新宇，等. 求解作业车间调度问题的广义粒子群优化算法. 计算机集成制造系统，2006，12（6）：911-917，923.
[8] 高海兵，周驰，高亮. 广义粒子群优化模型. 计算机学报，2005，28（12）：1980-1987.
[9] 陈崚，沈洁，秦玲. 蚁群算法求解连续空间优化问题的一种方法. 软件学报，2002，13（12）：2317-2323.
[10] 李士勇，陈永强，李研，等. 蚁群算法及其应用. 哈尔滨：哈尔滨工业大学出版社，2004.
[11] 卢开澄，卢华明. 图论及其应用. 北京：清华大学出版社，1995.
[12] 刘利强，于飞，谭佳琳. 一种求解约束优化问题的连续域蚁群算法. 系统仿真学报，2008，20（13）：3404-3413.
[13] 魏平，熊伟清. 用于一般函数优化的蚁群算法. 宁波大学学报（理工版），2001，14（4）：52-55.
[14] 陈崚，沈洁，秦玲. 蚁群算法进行连续参数优化的新途径. 系统工程理论与实践，2003，（3）：48-53.
[15] 陈烨. 用于连续函数优化的蚁群算法. 四川大学学报（工程科学版），2004，36（6）：117-120.
[16] 马卫，朱庆保. 求解函数优化问题的快速连续蚁群算法. 电子学报，2008，36（11）：2120-2124.
[17] 唐泳，马永开. 用改进蚁群算法求解多目标优化问题. 电子科技大学学报，2005，34（2）：281-284.

# 第 7 章 基于代理模型方法的侧铣加工刀位规划

实际工程优化问题中，优化目标和约束一般不能显式表达，是个未知的黑盒子（black-box）问题，一般通过求解耗时的仿真计算获取，因此优化效率低下。代理模型可以将设计变量与优化目标、约束之间的未知黑盒子关系，通过显式函数近似表达，再在代理模型基础上进行优化以提高优化效率[1]。所谓代理模型，是指在不降低精度的情况下通过少量信息构造的一个计算量小、计算周期短、但计算结果与数值分析或物理实验结果相近的数学模型[2]，其基本思想如下：当设计空间某设计点附近一定数量点的目标（约束）值已知时，通过插值或拟合等方式建立一个超曲面，于是在此设计点附近区域内，可用超曲面代替实际目标（约束）值的复杂计算。基于代理模型的优化可以显著提高优化效率，因此被广泛应用于解决各种复杂实际工程设计问题。代理模型方法在 20 世纪 50 年代由 Box 和 Wilson 首次提出，之后便广泛应用于全局优化、多目标优化、多学科优化和不确定优化等各个优化领域[1]。

刀位规划问题从数学本质上讲，当然也属于一类优化问题，而且其位姿参数与目标函数之间往往具有“黑盒子”的特点，因而，特别适合于利用代理模型的方法进行研究。本章主要描述利用代理模型中的径向基函数方法与响应面方法进行刀位优化的一般过程和实现方法。

## 7.1 基于径向基函数的侧铣加工刀位规划

所谓刀位规划问题就是求解刀具相对于工件坐标系的一组自由位姿 $\boldsymbol{g}$，该位姿的位形空间为 $R^3$（三维欧式空间）和 SO(3)（三维旋转群）的乘积空间，记为 SE(3)，为三维李群[3]，该组自由位姿 $\boldsymbol{g}$ 应满足刀具包络面与设计曲面实现尽可能的逼近。本节从刀具包络面逼近于工件直纹面的整体目标出发，研究该组位姿的生成方法，并非简单地考虑单个刀位下刀具曲面与工件曲面之间的误差，而是将单刀位的优化条件与曲面逼近的整体目标有机统一起来，构建以

刀具位姿参数为自变量的单刀位最优性判定条件的目标函数，从而将曲面的逼近问题分解为单个刀位下实现目标函数极值化的位姿参数的寻优问题。

在此类问题的研究中，由于解析法计算公式复杂，因此现有方法多为数值法[4]。同样，建立单刀位最优性判定条件目标函数严密的解析表达式需要非常繁杂的推导过程，并不便于实际操作。本节采用位姿空间一定数量的点，通过数值方法获得一系列目标函数值，继而利用径向基函数的代理模型方法构建一个超曲面，利用超曲面代替实际目标值的复杂计算，可显著地提高优化效率，同时经计算表明，该方法具有足够的计算精度。

## 7.1.1　单刀位最优性判定条件

给出如下定义。

定义（族）7.1：设有一回转面，其轴线上设置一坐标原点 $\boldsymbol{O}$ ，如图 7.1 所示，通过回转面上一点 $\boldsymbol{Q}$ 做曲面的法线，与回转面轴线的交点为 $\boldsymbol{P}$ ，则称长度 $|\boldsymbol{PQ}|$ 为轴线上点 $\boldsymbol{P}$ 对应的当量半径，记为 $r_{\mathrm{e}}(\boldsymbol{P})$ 。矢量 $\boldsymbol{PQ}$ 与轴线选定方向 $\boldsymbol{PO}$ 的夹角称为点 $\boldsymbol{P}$ 对应的径轴角，记为 $\omega(\boldsymbol{P})$ 。

显然有如下性质：设有一回转面 $\Sigma_1$ 及另一正则曲面 $\Sigma_2$ ，$\Sigma_2$ 上一点 $\boldsymbol{S}$ 的法线通过 $\Sigma_1$ 轴线，交点为 $\boldsymbol{P}$ ，则 $\boldsymbol{S}$ 点为 $\Sigma_1$ 与 $\Sigma_2$ 的公切点的充分必要条件为同时满足长度条件和角度条件，长度条件—— $\boldsymbol{P}$ 点与 $\boldsymbol{S}$ 点的距离等于 $\boldsymbol{P}$ 点对应的当量半径，即 $|\boldsymbol{PS}| = r_{\mathrm{e}}(\boldsymbol{P})$ ；角度条件——矢量 $\boldsymbol{PS}$ 与轴线选定方向的夹角等于径轴角 $\omega(\boldsymbol{P})$ 。

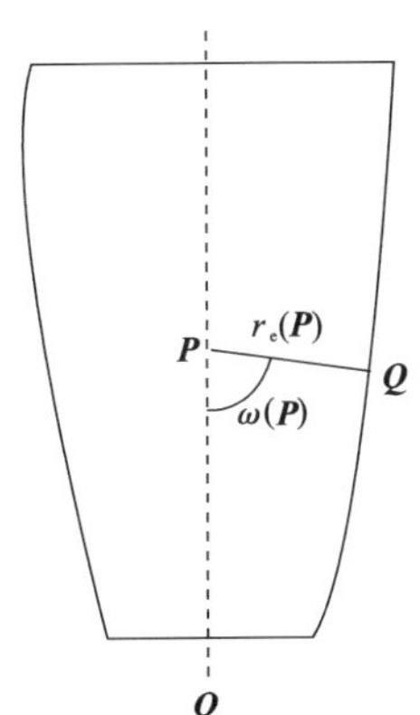


图 7.1　轴线上一点的当量半径及径轴

假设刀具按一定的轴迹面运动生成包络面，则某一位置下，刀具曲面、包络面和设计曲面的关系如图 7.2 所示。从刀轴线上任一点 $\boldsymbol{P}_i$ 向包络曲面做垂线，垂足点为 $\boldsymbol{Q}_i$，将 $\boldsymbol{Q}_i$ 称为特征点，特征点的集合为特征线。显然在某一刀位，各特征点满足上面性质中的长度条件和角度条件。

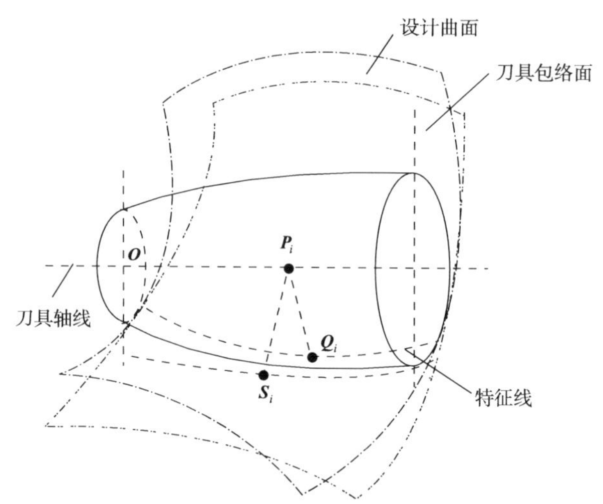


图 7.2　刀具面、刀具包络面与设计曲面

定义（族）7.2：从刀具轴线上任一点 $\boldsymbol{P}_i$ 向设计曲面做垂线，垂足点为 $\boldsymbol{S}_i$，垂线段的长度称为 $\boldsymbol{P}_i$ 对应的点面距，记为 $|\boldsymbol{P}_i\boldsymbol{S}_i| = r_{\mathrm{d}}(\boldsymbol{P}_i)$，与同一点对应的当量半径之差称为径距偏差，记为 $\Delta r_{\mathrm{ed}}(\boldsymbol{P}_i)$，$\Delta r_{\mathrm{ed}}(\boldsymbol{P}_i) = r_{\mathrm{d}}(\boldsymbol{P}_i) - r_{\mathrm{e}}(\boldsymbol{P}_i)$；矢量 $\boldsymbol{P}_i\boldsymbol{S}_i$ 与刀具轴线 $\boldsymbol{P}_i\boldsymbol{O}$ 方向的夹角记为 $\omega_{\mathrm{d}}(\boldsymbol{P}_i)$，该角与径轴角 $\omega_{\mathrm{e}}(\boldsymbol{P}_i)$ 的差值称为径轴角偏差，记为 $\Delta\omega_{\mathrm{ed}}(\boldsymbol{P}_i) = \omega_{\mathrm{d}}(\boldsymbol{P}_i) - \omega_{\mathrm{e}}(\boldsymbol{P}_i)$。

对于任意取值的 $n$，特殊地，若实现刀具的最优位姿时，设计曲面上诸点 $\boldsymbol{S}_i$（$i=1, \cdots, n$）处同时满足性质中的长度条件与角度条件，则 $\boldsymbol{S}_i$（$i=1, \cdots, n$）的集合与刀具包络面的特征线重合，刀具与设计曲面实现瞬时线接触，加工误差为零。当直纹面为可展面时，便对应此种情形。在直纹面为非可展的一般条件下，显然无法保证诸点 $\boldsymbol{S}_i$（$i=1, \cdots, n$）同时满足性质中的长度条件与角度条件，但应该使其尽量满足，以使刀具包络面最大限度地逼近设计曲面。

根据上面分析可提出单刀位的最优性判定条件，即如下命题。

命题：当刀具包络面与设计曲面实现最佳逼近时，每一个瞬时的刀具位姿应满足两个条件，即刀轴上诸点对应的径距偏差的平方和为最小，以及刀轴上诸点对应的径轴角偏差的平方和为最小。如图 7.3 所示。

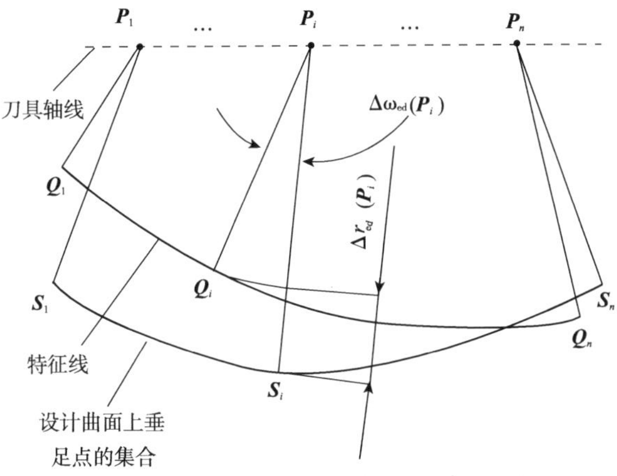

图 7.3　径距偏差条件与径轴角偏差条件

$$\min_{g\in SE(3)} f_L = \sum_{i=1}^{n}[\Delta r_{ed}(\boldsymbol{P}_i)]^2 \qquad n\in[1,\infty) \tag{7.1}$$

且

$$\min_{g\in SE(3)} f_A = \sum_{i=1}^{n}[\Delta \omega_{ed}(\boldsymbol{P}_i)]^2 \qquad n\in[1,\infty) \tag{7.2}$$

可见，单刀位优化问题实际上为同时寻求长度偏差平方和与角度偏差平方和最小的多目标规划问题。采用线性加权和方法构造评价函数 $f = w_L f_L + w_A f_A$，其中 $w_L \in [0,1]$，$w_A = 1 - w_L$。则上式又可转化为

$$\min_{g\in SE(3)} f = w_L\sum_{i=1}^{n}[\Delta r_{ed}(\boldsymbol{P}_i)]^2 + w_A\sum_{i=1}^{n}[\Delta \omega_{ed}(\boldsymbol{P}_i)]^2 \tag{7.3}$$

相比于第 6 章的刀位最优性判定条件，此处多了一个角度条件的制约，在设计曲面与刀具包络面重合的极端条件下，此处的条件式（7.1）和式（7.2）为充分必要条件，而第 6 章的条件仅为必要条件，因而，此处的最优性条件更为严格。

### 7.1.2　实现刀位优化的径向基函数方法

#### 1. 目标函数与位姿参数的关系

假设在设计曲面坐标系内已按照某种规则生成初始轴迹面。在任一初始刀位，建立一个局部固定坐标系 $C_s$：$\{\boldsymbol{O}_s, X_sY_sZ_s\}$，其中 $Z_s$ 轴与刀具回转轴线重合。另建立一与刀具固联的运动坐标系 $C_t$：$\{\boldsymbol{O}_t, X_tY_tZ_t\}$，初始时刻两坐标系 $C_s$、$C_t$ 重

合。$\boldsymbol{P}_{\mathrm{st}} \in R^3$ 和 $\boldsymbol{R}_{\mathrm{st}} \in \mathrm{SO}(3)$ 分别表示坐标系 $C_{\mathrm{t}}$ 相对于 $C_{\mathrm{s}}$ 的平移位置和旋转方位，其中平移运动由坐标系 $C_{\mathrm{t}}$ 沿三坐标轴 $X_{\mathrm{s}}$ 、 $Y_{\mathrm{s}}$ 、 $Z_{\mathrm{s}}$ 分别平移 $x_{\mathrm{st}}$ 、 $y_{\mathrm{st}}$ 、 $z_{\mathrm{st}}$ 实现，旋转运动为坐标系 $C_{\mathrm{t}}$ 依次绕 $X_{\mathrm{s}}$ 、$Y_{\mathrm{s}}$ 、$Z_{\mathrm{s}}$ 回转 $\lambda$ 、$\theta$ 、$\phi$ 获得。$\boldsymbol{g}_{\mathrm{st}} = (\boldsymbol{R}_{\mathrm{st}},\ \boldsymbol{P}_{\mathrm{st}}) \in \mathrm{SE}(3)$ 表示坐标系 $C_{\mathrm{t}}$ 相对于 $C_{\mathrm{s}}$ 的欧式变换，每一个变换，都对应式（7.3）中的一个目标函数值，令 $\boldsymbol{X} = (x_{\mathrm{st}},\ y_{\mathrm{st}},\ z_{\mathrm{st}},\ \lambda,\ \theta,\ \phi)$，表示一个空间 6 维矢量，则式（7.3）中的目标函数可以表示为 $f = f(\boldsymbol{X}) = f(x_{\mathrm{st}},\ y_{\mathrm{st}},\ z_{\mathrm{st}},\ \lambda,\ \theta,\ \phi)$ 。

**2. 基于正交拉丁方的实验设计方法**

不论构造何种形式的代理模型，首先必须选择合理的实验设计方法。合理的实验设计方法很大程度上影响代理模型的精度，进而影响后续优化的准确性。实验设计以数理统计、概率论、线性代数理论为基础，研究如何减小随机误差的影响并科学地安排实验方案。其目的是采用尽可能少的实验次数，获取尽可能多的关于目标与因素之间的信息[1]。此处采用了正交拉丁方的实验设计方法。

拉丁方与正交拉丁方的定义如下[5]。

由 $1, 2, \cdots, n$ 构成的 $n \times n$ 方阵 $(a_{ij})_{n\times n}$ 要求每行及每列 $1, 2, \cdots, n$ 各出现一次，这样的方阵称为拉丁方。设 $\boldsymbol{A}_1 = (a_{ij}^{(1)})_{n\times n}$ ， $\boldsymbol{A}_2 = (a_{ij}^{(2)})_{n\times n}$ 是两个 $n \times n$ 的拉丁方，若矩阵 $\left[(a_{ij}^{(1)},\ a_{ij}^{(2)})\right]_{n\times n}$ 中的 $n^2$ 个数偶 $(a_{ij}^{(1)},\ a_{ij}^{(2)})$ 互不相同（$i, j = 1, 2, \cdots, n$），则称 $\boldsymbol{A}_1$ 和 $\boldsymbol{A}_2$ 正交，或 $\boldsymbol{A}_1$ 和 $\boldsymbol{A}_2$ 是互相正交的拉丁方。例如以下两个矩阵都是 3×3 的拉丁方，即

$$\boldsymbol{A}_1 = \begin{bmatrix} 1 & 2 & 3 \\ 2 & 3 & 1 \\ 3 & 1 & 2 \end{bmatrix} \tag{7.4}$$

$$\boldsymbol{A}_2 = \begin{bmatrix} 1 & 3 & 2 \\ 2 & 1 & 3 \\ 3 & 2 & 1 \end{bmatrix} \tag{7.5}$$

而

$$\begin{bmatrix} (1,1) & (2,3) & (3,2) \\ (2,2) & (3,1) & (1,3) \\ (3,3) & (1,2) & (2,1) \end{bmatrix} \tag{7.6}$$

式中，9 对数偶均不相同，故 $\boldsymbol{A}_1$ 和 $\boldsymbol{A}_2$ 是互相正交的拉丁方。

设 $p$ 是大于6的素数，给出 $p$ 个非负整数组成的集合 $\mathbf{F} = \{a_0,\ a_1,\ \cdots,\ a_{p-1}\}$ ，

其中 $a_0=0$，$a_1=1$，…，$a_{p-1}=p-1$，构造 6 个拉丁方，即

$$\boldsymbol{A}_t=(a_{ij}^{(t)})\quad (i,\ j=0,\ 1,\ \cdots,\ p-1;\ t=1,\ 2,\ \cdots,\ 6) \tag{7.7}$$

式中，$a_{ij}^{(t)}=a_t\otimes a_i\oplus a_j$，符号“$\otimes$”与“$\oplus$”分别表示模 $p$ 的乘法与模 $p$ 的加法。

继而构造如下数偶矩阵：

$$\boldsymbol{A}_{\mathrm{T}}=\left((a_{ij}^{(1)},a_{ij}^{(2)},\cdots,a_{ij}^{(6)})\right)_{p\times p} \tag{7.8}$$

显然，矩阵 $\boldsymbol{A}_{\mathrm{T}}$ 中的 $p^2$ 个数偶各不相同，即式（7.7）中的 6 个拉丁方为正交拉丁方。

设参数 $x_{\mathrm{st}}$、$y_{\mathrm{st}}$、$z_{\mathrm{st}}$、$\lambda$、$\theta$、$\phi$ 的取值范围分别为$[x_{\mathrm{st\,min}},x_{\mathrm{st\,max}}]$、$[y_{\mathrm{st\,min}},y_{\mathrm{st\,max}}]$、$[z_{\mathrm{st\,min}},z_{\mathrm{st\,max}}]$、$[\lambda_{\min},\lambda_{\max}]$、$[\theta_{\min},\theta_{\max}]$、$[\phi_{\min},\phi_{\max}]$。相应地，6 个参数在各自的取值范围内均匀离散地取 $p$ 个值，即 $x_{\mathrm{st}i}$、$y_{\mathrm{st}i}$、$z_{\mathrm{st}i}$、$\lambda_i$、$\theta_i$、$\phi_i$（$i=0,\ 1,\ \cdots,\ p-1$）。当对刀轴位姿进行一系列调整时，每组 6 个参数的角标与矩阵 $\boldsymbol{A}_{\mathrm{T}}$ 中的元素一一对应。例如，取素数 $p=7$，则 6 个拉丁方矩阵分别为

$$\boldsymbol{A}_1=\begin{bmatrix}0&1&2&3&4&5&6\\1&2&3&4&5&6&0\\2&3&4&5&6&0&1\\3&4&5&6&0&1&2\\4&5&6&0&1&2&3\\5&6&0&1&2&3&4\\6&0&1&2&3&4&5\end{bmatrix} \tag{7.9}$$

$$\boldsymbol{A}_2=\begin{bmatrix}0&1&2&3&4&5&6\\2&3&4&5&6&0&1\\4&5&6&0&1&2&3\\6&0&1&2&3&4&5\\1&2&3&4&5&6&0\\3&4&5&6&0&1&2\\5&6&0&1&2&3&4\end{bmatrix} \tag{7.10}$$

$$\boldsymbol{A}_3=\begin{bmatrix}0&1&2&3&4&5&6\\3&4&5&6&0&1&2\\6&0&1&2&3&4&5\\2&3&4&5&6&0&1\\5&6&0&1&2&3&4\\1&2&3&4&5&6&0\\4&5&6&0&1&2&3\end{bmatrix}\tag{7.11}$$

$$\boldsymbol{A}_4=\begin{bmatrix}0&1&2&3&4&5&6\\4&5&6&0&1&2&3\\1&2&3&4&5&6&0\\5&6&0&1&2&3&4\\2&3&4&5&6&0&1\\6&0&1&2&3&4&5\\3&4&5&6&0&1&2\end{bmatrix}\tag{7.12}$$

$$\boldsymbol{A}_5=\begin{bmatrix}0&1&2&3&4&5&6\\5&6&0&1&2&3&4\\3&4&5&6&0&1&2\\1&2&3&4&5&6&0\\6&0&1&2&3&4&5\\4&5&6&0&1&2&3\\2&3&4&5&6&0&1\end{bmatrix}\tag{7.13}$$

$$\boldsymbol{A}_6=\begin{bmatrix}0&1&2&3&4&5&6\\6&0&1&2&3&4&5\\5&6&0&1&2&3&4\\4&5&6&0&1&2&3\\3&4&5&6&0&1&2\\2&3&4&5&6&0&1\\1&2&3&4&5&6&0\end{bmatrix}\tag{7.14}$$

矩阵 $\boldsymbol{A}_{\mathrm{T}}$ 中第 0 行第 0 列（$i=0$，$j=0$）元素为数偶 (0, 0, 0, 0, 0, 0)，则有 $x_{\mathrm{st}}=x_{\mathrm{st0}}$，$y_{\mathrm{st}}=y_{\mathrm{st0}}$，$z_{\mathrm{st}}=z_{\mathrm{st0}}$，$\lambda=\lambda_0$，$\theta=\theta_0$，$\phi=\phi_0$，以此类推，矩阵 $\boldsymbol{A}_{\mathrm{T}}$ 中第 6 行第 6 列（$i=6$，$j=6$，即最后一个元素）元素为数偶 (5, 4, 3, 2, 1, 0)，则有 $x_{\mathrm{st}}=x_{\mathrm{st5}}$，$y_{\mathrm{st}}=y_{\mathrm{st4}}$，$z_{\mathrm{st}}=z_{\mathrm{st3}}$，$\lambda=\lambda_2$，$\theta=\theta_1$，$\phi=\phi_0$。

按如上操作，可以取得 $p^2$ 个互不相同的参数组，记为 $\boldsymbol{X}_q$（$q=0, 1, \cdots, p^2-1$）。将各组参数带入式（7.3），式（7.3）中的长度量与角度量可通过数值方法计算，因此每一组参数都可以得出一个目标函数值 $f=f(\boldsymbol{X}_q)$。

### 3. 基于代理模型的目标函数构建及极值求解

径向基函数（radial basis function，RBF）是一种灵活性好、结构简单、计算量相对较少的代理模型[1]，本章选用径向基函数代理模型，核函数采用 IMQ（inverse multiquadric）函数[6]，则模型的基本形式如下：

$$\tilde{f}(\boldsymbol{X})=\sum_{i=0}^{m-1}(r_i^2+\alpha^2)^{-\beta}w_i \tag{7.15}$$

式中，$m=p^2$，为采样点个数；$r_i=\|\boldsymbol{X}-\boldsymbol{X}_i\|$，为欧式距离；$\boldsymbol{X}_i$ 为采样点；$\alpha$、$\beta$ 为形参数，$\beta$ 为正的实数；$w_i$（$i=0, 1, \cdots, m-1$）为线性叠加权系数。根据插值条件 $\tilde{f}(\boldsymbol{X}_j)=f(\boldsymbol{X}_j)$（$j=0, 1, \cdots, m-1$），可得如下方程组：

$$\begin{cases}\sum_{i=0}^{m-1}\left[(|\boldsymbol{X}_0-\boldsymbol{X}_i|)^2+\alpha^2\right]^{-\beta}w_i=f(\boldsymbol{X}_0)\\ \sum_{i=0}^{m-1}\left[(|\boldsymbol{X}_1-\boldsymbol{X}_i|)^2+\alpha^2\right]^{-\beta}w_i=f(\boldsymbol{X}_1)\\ \qquad\vdots\\ \sum_{i=0}^{m-1}\left[(|\boldsymbol{X}_{m-1}-\boldsymbol{X}_i|)^2+\alpha^2\right]^{-\beta}w_i=f(\boldsymbol{X}_{m-1})\end{cases} \tag{7.16}$$

因为基于正交拉丁方的采样方案保证了 $m$ 个采样点不重合，因而上述方程组存在唯一解，且为未知数 $w_i$ 的线性方程组，可以方便地求解获得权系数 $w_i$（$i=0, 1, \cdots, m-1$）。带入式（7.15）则可获得代理模型。对式（7.15）各变量求偏导数，并令其等于 0，则获得如下极值方程：

$$\begin{cases}\dfrac{\partial \tilde{f}(\boldsymbol{X})}{\partial x_{\mathrm{st}}}=0\\ \dfrac{\partial \tilde{f}(\boldsymbol{X})}{\partial y_{\mathrm{st}}}=0\\ \dfrac{\partial \tilde{f}(\boldsymbol{X})}{\partial z_{\mathrm{st}}}=0\\ \dfrac{\partial \tilde{f}(\boldsymbol{X})}{\partial \lambda}=0\\ \dfrac{\partial \tilde{f}(\boldsymbol{X})}{\partial \theta}=0\\ \dfrac{\partial \tilde{f}(\boldsymbol{X})}{\partial \phi}=0\end{cases} \tag{7.17}$$

上述方程组为非线性方程组，可求得极值点 $\boldsymbol{X}^*=(x_{\mathrm{st}}^*, y_{\mathrm{st}}^*, z_{\mathrm{st}}^*, \lambda^*, \theta^*, \phi^*)$。

**4. 代理模型的更新方法**

代理模型更新的实质是对样本的更新，即样本中心和样本范围的更新[7]，为了保证尽可能获得全局最优解，并且保证一定的收敛速度，本章采取自变量域的逐次细分策略。

如图 7.4 所示，首先，在初始自变量域内，分别求取 $m=p^2$ 组自变量对应的函数值，并从中找出最小值点 $\hat{\boldsymbol{X}}=(\hat{x}_{\mathrm{st}}, \hat{y}_{\mathrm{st}}, \hat{z}_{\mathrm{st}}, \hat{\lambda}, \hat{\theta}, \hat{\phi})$，见图 7.4 中的 MM 线，假设首次各分量的取值间隔用通式 $\varDelta(\cdot)$ 表示；其次，以 $\hat{\boldsymbol{X}}$ 点为中心，各分量以 $k\varDelta(\cdot)$ 间隔左右各均匀选取 $(p-1)/2$ 个取值来替换原取值，其中，$0<k<1$，为间隔压缩系数，于是形成新的一组 $p^2$ 个自变量，见图 7.5，同样计算并找出本次的函数最小值点，以此类推；最后，当某次的函数最小值等于前次的函数最小值时，更新终止，将最后一组自变量作为代理模型的插值样本。

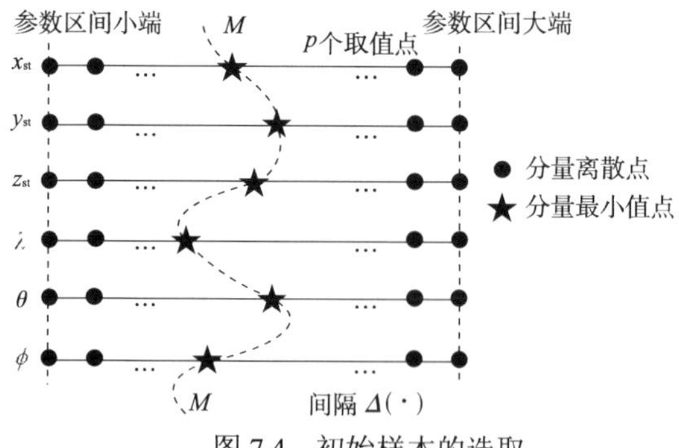


图 7.4　初始样本的选取

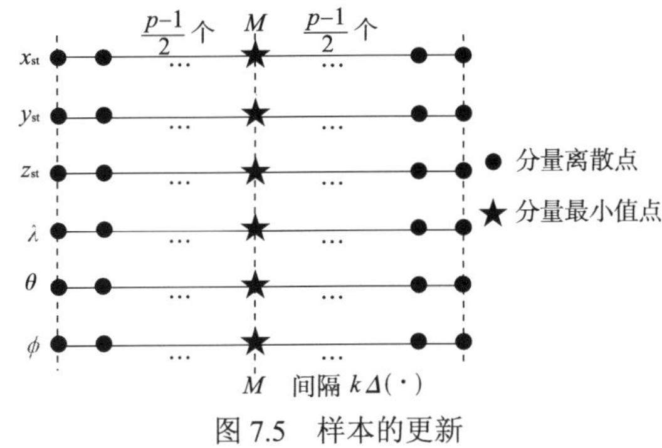

图 7.5　样本的更新

**5. 单刀位最优位姿调整参数的求解步骤**

经过前面的分析，可给出获取单刀位的最优位姿参数的具体步骤，参见图 7.6。

### 7.1.3　设计曲面包络误差的计算

针对每一个初始刀位，均采用上面的优化处理，便得到一系列离散的优化刀位，将这些优化后的刀轴位姿采用 B 样条插值方法便生成了优化后的刀轴轨迹面。

假设设计曲面方程为 $\boldsymbol{R}^{(1)}=\boldsymbol{R}^{(1)}(u,v)$，$u$ 为直纹面准线参数，$v$ 为直母线方向参数，$u\in[0,1]$，$v\in[0,1]$。其上点的单位法矢记为 $\boldsymbol{n}(u,v)$。刀具沿最优刀轴面运动的面族方程为 $\boldsymbol{r}=\boldsymbol{r}(\tau;\xi,\zeta)$，$\tau$ 为面族参数，$\xi$、$\zeta$ 为刀具曲面参数。

根据共轭曲面的数字仿真原理[8]，以设计曲面为参考曲面，则刀具面族的包络面可以表示如下：

$$\boldsymbol{R}^{(2)}(u,v)=\boldsymbol{R}^{(1)}(u,v)+h(u,v)\boldsymbol{n}(u,v) \tag{7.18}$$

式中，$h(u,v)\boldsymbol{n}(u,v)$ 为设计曲面沿法线方向发出的标杆射线，$h(u,v)$ 为标杆函数，表示设计曲面与刀具包络面对应点的误差。

加工过程中，首先满足接触条件 $\boldsymbol{R}^{(2)}(u,v)=\boldsymbol{r}(\tau;\xi,\zeta)$，即

$$\boldsymbol{R}^{(1)}(u,v)+h(u,v)\boldsymbol{n}(u,v)=\boldsymbol{r}(\tau;\xi,\zeta) \tag{7.19}$$

对于设计曲面上的点（$u$、$v$ 取定值），要求其被某一位置（$\tau$ 取定值）的刀具面截得的标杆长度时，式（7.19）成为只含有三个未知量 $\xi$、$\zeta$、$h$ 的三个标量方程组成的矢量方程组，因而可解。不同位置的刀具面截得的标杆长度 $h$ 是不同的，这诸多 $h$ 中最小的标杆长度 $h_{\min}$ 对应的标杆的端点便为刀具包络面上的点，而 $h_{\min}$ 则是设计曲面上该已知点对应的包络误差。即

$$h_{\min}(u,v) = \min_{\tau}[\boldsymbol{r}(\tau;\xi,\zeta) - \boldsymbol{R}^{(1)}(u,v)] \cdot \boldsymbol{n}(u,v) \tag{7.20}$$

令$u$、$v$取一系列值，则可确定设计曲面片各点对应的包络误差。

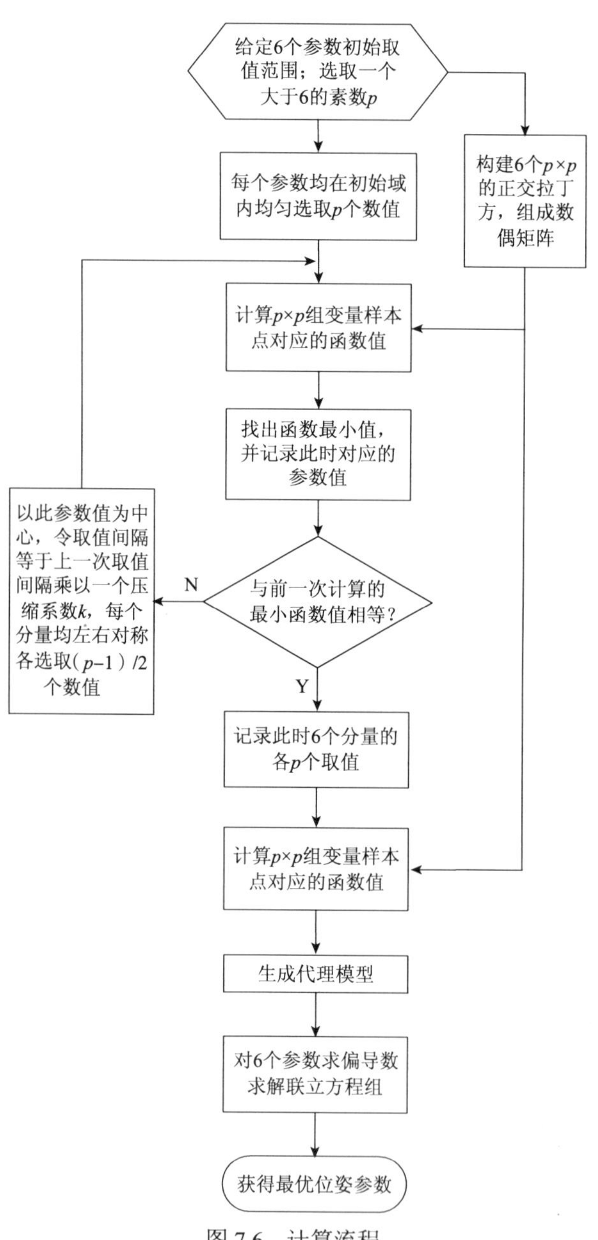


图 7.6　计算流程

### 7.1.4 仿真实例

已知刀具参数如下：圆锥刀小端半径$r_c = 5\,\text{mm}$，锥顶半角$\delta = 5^\circ$，叶片曲面仍以第 5 曲面片为加工对象。将描述非可展直纹面的工件坐标系作为基坐标系，记为$\{\boldsymbol{O}_B, X_B Y_B Z_B\}$，各坐标轴的单位矢量分别为$\boldsymbol{i}_B$、$\boldsymbol{j}_B$、$\boldsymbol{k}_B$。针对直纹面准线参数$u$的每一个取值，初始刀轴位姿由两点偏置法获得，表征刀轴的该两点记为$\boldsymbol{P}_1$、$\boldsymbol{P}_n$。局部固定坐标系$C_s$的原点$\boldsymbol{O}_s = \dfrac{\boldsymbol{P}_1 + \boldsymbol{P}_n}{2}$，坐标轴$Z_s$的单位矢量为$\boldsymbol{k}_s = \dfrac{\boldsymbol{P}_n - \boldsymbol{P}_1}{|\boldsymbol{P}_n - \boldsymbol{P}_1|}$，$X_s$轴单位矢量为$\boldsymbol{i}_s = \dfrac{\boldsymbol{k}_B \times \boldsymbol{k}_s}{|\boldsymbol{k}_B \times \boldsymbol{k}_s|}$，$Y_s$轴单位矢量为$\boldsymbol{j}_s = \boldsymbol{k}_s \times \boldsymbol{i}_s$。

设参数$x_{st}$、$y_{st}$、$z_{st}$、$\lambda$、$\theta$、$\phi$的取值范围分别为$[-1, 1]$、$[-1, 1]$、$[-0.01, 0.01]$、$[-3^\circ, 3^\circ]$、$[-3^\circ, 3^\circ]$、$[-3^\circ, 3^\circ]$。形参数$\alpha$计算如下：$\alpha = \max\limits_{i,j} \|\boldsymbol{X}_i - \boldsymbol{X}_j\|$，$i, j = 0, 1, \cdots, m-1$；$\beta$取 0.2。式（7.16）采用全选主元高斯消去法[9]进行求解，而式（7.17）则利用梯度法[9]求解。

表 7.1 列出了权系数$w_L$取 0.5 时，用于构造拉丁方矩阵的素数$p$的取值与包络误差计算数值的对应关系，可见，$p$的增大并不一定能够带来误差数值的降低，反而会使计算时间增大，$p$取值 11、13、17 都是较好的选择，其中$p = 17$时，包络误差最小。

**表 7.1　素数的取值与误差的计算结果（$w_L = 0.5$）**

| 计算结果 | 素数 $p$ 的取值大小 | | | | | | |
|---|---|---|---|---|---|---|---|
| | 7 | 11 | 13 | 17 | 19 | 23 | 29 |
| 过切误差/mm | −0.0166 | −0.0178 | −0.0177 | −0.0175 | −0.0178 | −0.0179 | −0.0175 |
| 欠切误差/mm | 0.0186 | 0.0163 | 0.0193 | 0.0164 | 0.0167 | 0.0171 | 0.0165 |
| 极差/mm | 0.0352 | 0.0341 | 0.0369 | 0.0339 | 0.0346 | 0.0350 | 0.0340 |

实际计算时，构造拉丁方的素数$p$取 11，权系数$w_L$取 0.5，计算时$u$分别选取 0、0.2、0.4、0.6、0.8、1.0 共 6 个位置，每刀位刀轴上均匀选取 11 个点。经过优化计算后，可得到与刀具固联的运动坐标系$C_t$相对于局部固定坐标系$C_s$的最优调整参数，表 7.2 中列举了各位置的最优参数，表 7.3 则是对应的极值点处代理模型的结果与实际计算的结果的比较。表 7.4 为初始刀具轴迹面边界 B 样条曲线的控制顶点，图 7.7 为初始轴迹面下的曲面包络误差的大小与分布情况，极差值达到 0.1mm 的数量级。表 7.5 为优化后的轴迹面边界 B 样条曲线的控制顶点，图 7.8 为优化后轴迹面下的曲面包络误差的大小与分布情况，其过切量为 0.0178mm，欠切量为 0.0162mm，极差为 0.0341mm。

**表 7.2 最优平移与回转参数**

| 最优参数 | 直纹面准线参数 $u$ 的取值 | | | | | |
|---|---|---|---|---|---|---|
| | 0 | 0.2 | 0.4 | 0.6 | 0.8 | 1.0 |
| $x_{st}^*$ /mm | −0.1576 | −0.1548 | −0.1553 | −0.1438 | −0.1408 | −0.1401 |
| $y_{st}^*$ /mm | −0.2298 | −0.2115 | −0.2187 | −0.1465 | −0.1329 | −0.3048 |
| $z_{st}^*$ /mm | −0.0027 | −0.0030 | −0.0012 | −0.0041 | −0.0022 | 0.0043 |
| $\lambda^*$ /(°) | 1.0082 | 1.0136 | 1.0152 | 1.0234 | 1.0259 | 0.8432 |
| $\theta^*$ /(°) | −0.1858 | −0.1900 | −0.1923 | −0.1565 | −0.1510 | −0.1510 |
| $\phi^*$ /(°) | −0.8516 | −0.4289 | −0.4212 | −1.4894 | −1.6166 | −2.4087 |

**表 7.3 代理模型结果与实际结果**

| 计算结果 | 直纹面准线参数 $u$ 的取值 | | | | | |
|---|---|---|---|---|---|---|
| | 0 | 0.2 | 0.4 | 0.6 | 0.8 | 1.0 |
| 代理模型结果 | $6.9554\times10^{-4}$ | $6.8815\times10^{-4}$ | $6.7957\times10^{-4}$ | $6.6894\times10^{-4}$ | $6.5761\times10^{-4}$ | $6.4524\times10^{-4}$ |
| 实际结果 | $6.9554\times10^{-4}$ | $6.8816\times10^{-4}$ | $6.7959\times10^{-4}$ | $6.6894\times10^{-4}$ | $6.5761\times10^{-4}$ | $6.4515\times10^{-4}$ |
| 绝对误差的绝对值 | $7.7827\times10^{-10}$ | $1.3337\times10^{-8}$ | $2.8251\times10^{-8}$ | $2.5786\times10^{-11}$ | $2.3263\times10^{-9}$ | $9.2470\times10^{-8}$ |
| 相对误差 | 0.0001% | 0.0019% | 0.0042% | 0 | 0.0004% | 0.0143% |

**表 7.4 初始轴迹面边界 B 样条曲线控制顶点** 单位：mm

| 叶片根部对应轴迹面准线 | | | 叶片顶部对应轴迹面准线 | | |
|---|---|---|---|---|---|
| $X_B$ | $Y_B$ | $Z_B$ | $X_B$ | $Y_B$ | $Z_B$ |
| −62.9840 | 67.8263 | 44.1387 | −89.9115 | 120.7878 | 92.6439 |
| −62.9174 | 68.0939 | 43.9553 | −89.7624 | 120.9568 | 92.4938 |
| −62.7842 | 68.6292 | 43.5887 | −89.4642 | 121.2949 | 92.1937 |
| −62.5837 | 69.4290 | 43.0414 | −89.0179 | 121.8001 | 91.7442 |
| −62.3823 | 70.2266 | 42.4960 | −88.5723 | 122.3037 | 91.2955 |
| −62.1800 | 71.0221 | 41.9528 | −88.1273 | 122.8057 | 90.8474 |
| −62.0441 | 71.5509 | 41.5924 | −87.8312 | 123.1390 | 90.5492 |
| −61.9761 | 71.8153 | 41.4123 | −87.6832 | 123.3056 | 90.4001 |

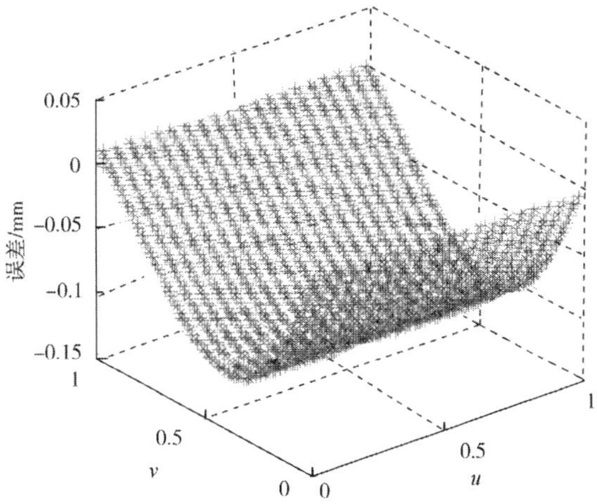


图 7.7　按初始刀轴轨迹的曲面包络误差

**表 7.5　优化后轴迹面边界 B 样条曲线控制顶点**　　　单位：mm

| 叶片根部对应轴迹面准线 | | | 叶片顶部对应轴迹面准线 | | |
|---|---|---|---|---|---|
| $X_B$ | $Y_B$ | $Z_B$ | $X_B$ | $Y_B$ | $Z_B$ |
| -62.8842 | 68.1712 | 43.8220 | -91.7321 | 122.9844 | 95.6094 |
| -62.8147 | 68.4475 | 43.6310 | -91.5737 | 123.1547 | 95.4556 |
| -62.6756 | 69.0000 | 43.2491 | -91.2570 | 123.4944 | 95.1482 |
| -62.4881 | 69.7660 | 42.7408 | -90.8244 | 123.9515 | 94.7296 |
| -62.2549 | 70.6518 | 42.1096 | -90.2995 | 124.5231 | 94.2190 |
| -62.0562 | 71.4430 | 41.5797 | -89.8494 | 125.0039 | 93.7839 |
| -61.9191 | 71.9730 | 41.2185 | -89.5419 | 125.3293 | 93.4846 |
| -61.8505 | 72.2380 | 41.0379 | -89.3882 | 125.4921 | 93.3350 |

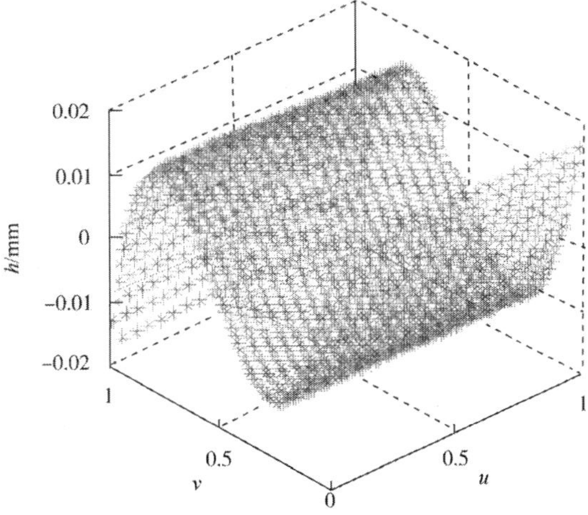


图 7.8　刀轴轨迹优化后的曲面包络误差

实际上，权系数 $w_L$ 的取值，也会对包络误差的计算结果产生影响，表 7.6 是在 $p=17$ 时，得到的权系数 $w_L$ 不同取值与包络误差的对应关系，$w_L=0$ 相当于仅考虑了角度偏差的条件，包络误差计算的数值较大；当 $w_L$ 取 0.1 以上时，误差数值变化不大，优化效果都较为理想，其中 $w_L=0.2$ 时，包络误差数值最小，为 0.0337mm，与前面获得的 0.0341mm 相比，单纯从理论上看还有少许的提升空间。

**表 7.6　权系数的取值与误差的计算结果（$p=17$）**

| 计算结果 | 权系数 $w_L$ 的取值 | | | | | | |
|---|---|---|---|---|---|---|---|
| | 0 | 0.1 | 0.2 | 0.3 | 0.5 | 0.9 | 1.0 |
| 过切误差/mm | 0.2272 | −0.0172 | −0.0173 | −0.0175 | −0.0175 | −0.0176 | −0.0176 |
| 欠切误差/mm | 0.2993 | 0.0179 | 0.0164 | 0.0164 | 0.0164 | 0.0164 | 0.0166 |
| 极差/mm | 0.0721 | 0.0351 | 0.0337 | 0.0339 | 0.0339 | 0.0340 | 0.0343 |

当用直径为 10mm 的圆柱刀加工时，在 $p=11$ 、$w_L=0.5$ 条件下可以获得最大过切误差和最大欠切误差，分别为-0.0021mm、0.0024mm，即极差为 0.0045mm 的理论加工精度。

## 7.2　基于响应面的侧铣加工刀位规划

上一节从一般回转面刀具的共性出发，提出利用三维李群变换研究刀具位姿生成的总体策略，并在此基础上提出基于正交拉丁方的实验设计与径向基函数代理模型的实现方法。本节将在不失一般性的前提下，具体落实到圆锥刀上，提出另外一种实现刀位优化代理模型方法——响应面方法。

响应面方法（RSM）是基于统计学和综合实验技术，解决复杂系统输入与输出之间关系的一种近似方法，即基于少数观测样本的统计回归，采用显式的函数形式来表述复杂的隐式关系[10]。响应面法采用多元多项式或非多项式模型，具有构造简单、计算量小、收敛速度快、极易实现寻优等优点[11]，既适用于非确定性的实验分析，又适合于确定性计算仿真研究[12]。目前，响应面方法已在一些工程优化领域取得了成功的应用[13-18]。

本节将首先利用微分几何学的相伴曲面方法，建立设计曲面与刀具包络面的法向映射关系，并从假定二者重合即实现零误差加工的特殊情形出发，研究单个刀位的优化条件，即将刀位规划问题纳入与曲面逼近的整体目标之下来考

虑。随后，本节同样采用实验设计的方法，获取刀轴位姿空间一定数量的点，通过数值计算获得一系列目标函数值，继而利用响应面模型，构建目标函数与位姿参数显式的函数关系，最终通过该函数关系代替实际的非显式函数关系，进行优化计算而获得最优刀位。

### 7.2.1　刀位的最优性判定条件

#### 1. 刀具包络面的相伴曲面表示

设曲面 $S$ 和 $S^*$ 为欧式空间 $R^3$ 中的两个正则曲面，如果在二者之间确立了点到点的映射关系，则称两个曲面为一对相伴曲面[19]。

从几何学上讲，五轴侧铣加工过程，属于单参曲面族的包络过程，加工曲面即为刀具面族的单参包络面。假设设计曲面（直纹面）$S$ 方程为 $\boldsymbol{R}^{(1)}=\boldsymbol{R}^{(1)}(u,v)$，$u$ 为直纹面准线参数，$v$ 为直母线方向参数，$u\in[0,1]$，$v\in[0,1]$。以设计曲面 $S$ 为参考曲面，可将刀具包络面 $S^*$ 表示为如下的相伴曲面形式：

$$\boldsymbol{R}^{(2)}(u,v)=\boldsymbol{R}^{(1)}(u,v)+h_{\mathrm{m}}(u,v)\boldsymbol{n}(u,v) \tag{7.21}$$

式中，$\boldsymbol{n}(u,\ v)$ 为设计曲面 $(u,\ v)$ 点发出的某一方向的单位矢量，原则上可在一定范围内取任意方向[8]，指向规定为离体；$h_{\mathrm{m}}(u,\ v)$ 表示设计曲面与刀具包络面对应点的联络。特殊的，当 $\boldsymbol{n}(u,\ v)$ 为法线方向时，$h_{\mathrm{m}}(u,\ v)$ 则表示设计曲面点的包络误差。

设刀具沿刀轴面运动的面族方程为 $\boldsymbol{r}=\boldsymbol{r}(\tau;\xi,\zeta)$，$\tau$ 为面族参数，$\xi$、$\zeta$ 为刀具曲面参数。加工过程中，工件毛坯受到连续刀位的切削，显然设计曲面上各点误差 $h_{\mathrm{m}}(u,\ v)$ 是在该点对应的最后一个有效刀位（切得最深的刀位）切削终了后形成的，而其中间值则为刀具面族参数 $\tau$ 的函数，可表示为 $h(\tau;u,v)$，称为标杆函数[8]，显然有

$$h_{\mathrm{m}}(u,v)=\min_{\tau}h(\tau;u,v) \tag{7.22}$$

因而，求解加工曲面及其加工误差的问题实际上就是求解标杆函数的最小值的数学规划问题。

#### 2. 包络过程的极值条件

在加工过程中，满足如下接触条件：

$$\boldsymbol{R}^{(1)}(u,v)+h(\tau;u,v)\boldsymbol{n}(u,v)-\boldsymbol{r}(\tau;\xi,\zeta)=0 \tag{7.23}$$

对上式取全微分，有

$$\begin{aligned}&\boldsymbol{R}_{\mathrm{u}}^{(1)}\mathrm{d}u+\boldsymbol{R}_{\mathrm{v}}^{(1)}\mathrm{d}v+(h_{\tau}\mathrm{d}\tau+h_{\mathrm{u}}\mathrm{d}u+h_{\mathrm{v}}\mathrm{d}v)\boldsymbol{n}\\&+h(\boldsymbol{n}_{\mathrm{u}}\mathrm{d}u+\boldsymbol{n}_{\mathrm{v}}\mathrm{d}v)-(\boldsymbol{r}_{\tau}\mathrm{d}\tau+\boldsymbol{r}_{\xi}\mathrm{d}\xi+\boldsymbol{r}_{\zeta}\mathrm{d}\zeta)=0\end{aligned} \tag{7.24}$$

对于设计曲面上的某一固定点，$u$、$v$ 取定值，因而 $\mathrm{d}u=0$，$\mathrm{d}v=0$，式(7.24)可简化为

$$h_{\tau}\mathrm{d}\tau\boldsymbol{n}-\boldsymbol{r}_{\tau}\mathrm{d}\tau-\boldsymbol{r}_{\xi}\mathrm{d}\xi-\boldsymbol{r}_{\zeta}\mathrm{d}\zeta=0 \tag{7.25}$$

将式（7.25）点乘 $(\boldsymbol{r}_{\xi}\times\boldsymbol{r}_{\zeta})$，并注意在连续可微的条件下，$h(\tau;u,v)$ 取最小值必然满足 $h_{\tau}=0$，因而得到最小值点的表达式为

$$\boldsymbol{r}_{\tau}\cdot(\boldsymbol{r}_{\xi}\times\boldsymbol{r}_{\zeta})=0 \tag{7.26}$$

式（7.26）的条件恰好为曲面族 $\boldsymbol{r}=\boldsymbol{r}(\tau;\xi,\zeta)$ 的包络条件[20]，证明在正则条件下，标杆函数的最小值条件与曲面的包络条件等价。而对于圆锥刀这一类典型的回转面刀具，根据回转面的几何性质可知，其上满足包络条件的点必然满足该点处曲面的法线通过回转轴。

考虑侧铣加工过程，假设刀具包络面已经形成，以刀具包络面为参考曲面，在其上某点发出法向标杆射线，可知加工过程中该点的标杆长度不断变短，最终最小数值（为 0）的获得必然是自身轴线通过该点法线的刀位所为，如图 7.9 所示，该刀位称为最小值刀位。单纯从几何学上看，刀具包络面上一个点的生成只需考虑最小值刀位即可，而与其他刀位无关。

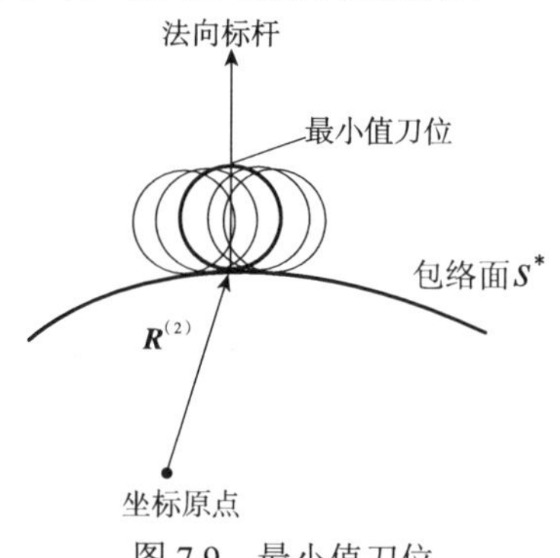


图 7.9　最小值刀位

### 3. 圆锥刀侧铣单个刀位的最优判定条件

鉴于以上分析，进行以下操作。

如图 7.10 所示，对于圆锥刀侧铣加工的某一个瞬时刀位，通过其轴线上

各点 $\boldsymbol{P}_1$、$\boldsymbol{P}_2$、…、$\boldsymbol{P}_n$（$n \in [1,\infty)$ 任意取值）向设计曲面做垂线，垂足记为 $\boldsymbol{Q}_1$、$\boldsymbol{Q}_2$、…、$\boldsymbol{Q}_n$，再从设计曲面上 $\boldsymbol{Q}_1$、$\boldsymbol{Q}_2$、…、$\boldsymbol{Q}_n$ 各点发出法向标杆射线 $\boldsymbol{l}_1$、$\boldsymbol{l}_2$、…、$\boldsymbol{l}_n$，显然 $\boldsymbol{l}_i$ 与 $\boldsymbol{Q}_i\boldsymbol{P}_i$ 重合。由于各标杆射线 $\boldsymbol{l}_i$ 均通过该瞬时刀轴，具有明显的特征——与其他不与刀轴相交的标杆不同，称之为该瞬时刀轴对应的特征标杆。设各特征标杆射线与圆锥面的交点为 $\boldsymbol{L}_1$、$\boldsymbol{L}_2$、…、$\boldsymbol{L}_n$（圆锥面与特征标杆射线的交点实为两个，此处只取离设计曲面最近的一个），各截得的标杆长度 $|\boldsymbol{Q}_i\boldsymbol{L}_i|$ 用标量 $l_i$ 表示，称之为特征标杆长度。

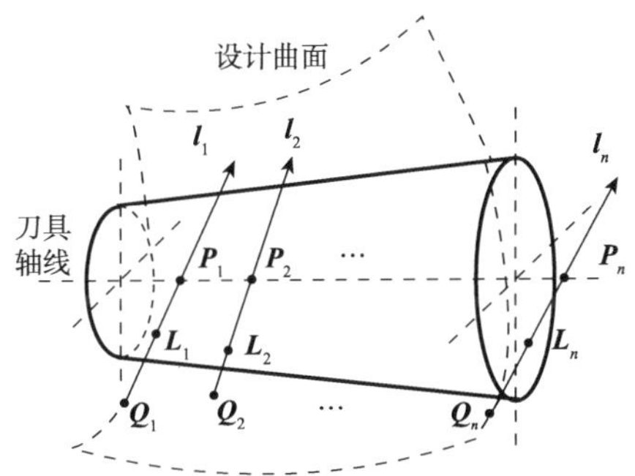


图 7.10　特征标杆及特征标杆长度

当设计曲面为可展直纹面时，必然存在最优刀轴轨迹面，使得每个刀位满足各特征标杆长度 $l_1 = l_2 = \cdots = l_n = 0$，即理论上可以实现刀具包络面与设计曲面的重合。

当设计曲面为非可展直纹面时，不可能严格实现 $l_1 = l_2 = \cdots = l_n = 0$（$n \in [1,\infty)$，可为任意取值）条件，只有使每个刀位下的各个特征标杆长度 $l_i$（$i = 1, \cdots, n$）均尽可能的小，才有可能实现刀具包络面向设计曲面最大限度的逼近，因此给出如下命题。

命题：圆锥刀侧铣非可展直纹面的单刀位最优性判定条件为该刀位应满足诸特征标杆长度的平方和为最小，即

$$\min_{c \in \mathbf{C}} f = \sum_{i=1}^{n} l_i^2 \tag{7.27}$$

式中，$c$ 表示刀轴位姿，$\mathbf{C} = \{c\}$ 为刀轴位姿的集合。

### 7.2.2 刀轴位姿方程的建立

#### 1. 刀轴位姿方程的建立

将描述非可展直纹面的工件坐标系作为基坐标系，记为$\{\boldsymbol{O}_{\mathrm{B}}, X_{\mathrm{B}}Y_{\mathrm{B}}Z_{\mathrm{B}}\}$，坐标轴的单位矢量分别为$\boldsymbol{i}_{\mathrm{B}}$、$\boldsymbol{j}_{\mathrm{B}}$、$\boldsymbol{k}_{\mathrm{B}}$，后续计算均在该坐标系内进行。

做如下操作：首先，根据一定的规则（如两点偏置法）生成初始刀位，表征初始刀轴的两端点记为$\boldsymbol{P}_1$、$\boldsymbol{P}_n$；然后，建立一局部固定坐标系$\{\boldsymbol{O}, XYZ\}$，坐标原点$\boldsymbol{O}$位于刀具初始轴线上，刀轴作为$Z$轴，其单位矢量为$\boldsymbol{k}=\dfrac{\boldsymbol{P}_n-\boldsymbol{P}_1}{|\boldsymbol{P}_n-\boldsymbol{P}_1|}$，$X$轴单位矢量为$\boldsymbol{i}=\dfrac{\boldsymbol{k}_{\mathrm{B}}\times\boldsymbol{k}}{|\boldsymbol{k}_{\mathrm{B}}\times\boldsymbol{k}|}$，$Y$轴单位矢量为$\boldsymbol{j}=\boldsymbol{k}\times\boldsymbol{i}$，再令刀具轴线分别做绕$X$、$Y$、$Z$轴的回转运动和沿该三轴的平移运动，则可获得调整后的刀轴位姿，如图 7.11 所示。

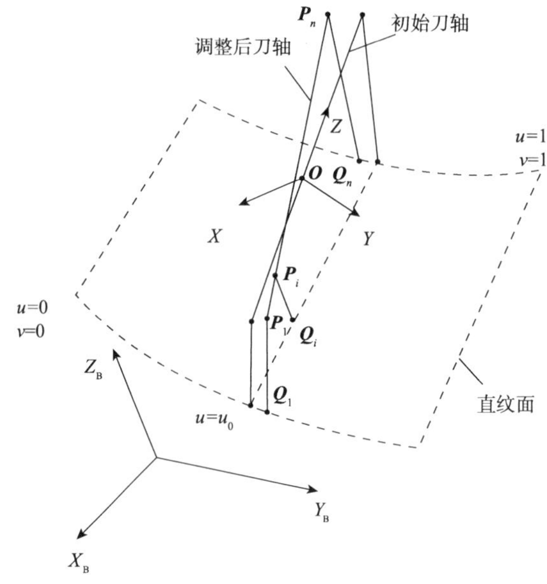


图 7.11 刀轴的调整

于是有

$$\begin{cases} x_{P_i}=(x_{\mathrm{B}P_i}-x_{\mathrm{O}})I_{\mathrm{x}}+(y_{\mathrm{B}P_i}-y_{\mathrm{O}})I_{\mathrm{y}}+(z_{\mathrm{B}P_i}-z_{\mathrm{O}})I_{\mathrm{z}} \\ y_{P_i}=(x_{\mathrm{B}P_i}-x_{\mathrm{O}})J_{\mathrm{x}}+(y_{\mathrm{B}P_i}-y_{\mathrm{O}})J_{\mathrm{y}}+(z_{\mathrm{B}P_i}-z_{\mathrm{O}})J_{\mathrm{z}} \\ z_{P_i}=(x_{\mathrm{B}P_i}-x_{\mathrm{O}})K_{\mathrm{x}}+(y_{\mathrm{B}P_i}-y_{\mathrm{O}})K_{\mathrm{y}}+(z_{\mathrm{B}P_i}-z_{\mathrm{O}})K_{\mathrm{z}} \end{cases} \tag{7.28}$$

$$\begin{cases} X_{P_i} = x_{P_i}\cos\theta\cos\phi + y_{P_i}(-\cos\lambda\sin\phi + \sin\lambda\sin\theta\cos\phi) \\ \qquad + z_{P_i}(\sin\lambda\sin\phi + \cos\lambda\sin\theta\cos\phi) + x_t \\ Y_{P_i} = x_{P_i}\cos\theta\sin\phi + y_{P_i}(\cos\lambda\cos\phi + \sin\lambda\sin\theta\sin\phi) \\ \qquad + z_{P_i}(-\sin\lambda\cos\phi + \cos\lambda\sin\theta\sin\phi) + y_t \\ Z_{P_i} = -x_{P_i}\sin\theta + y_{P_i}\sin\lambda\cos\theta + z_{P_i}\cos\lambda\cos\theta + z_t \end{cases} \tag{7.29}$$

$$\begin{pmatrix} X_{BP_i} \\ Y_{BP_i} \\ Z_{BP_i} \end{pmatrix} = \begin{pmatrix} I_x & J_x & K_x \\ I_y & J_y & K_y \\ I_z & J_z & K_z \end{pmatrix} \begin{pmatrix} X_{P_i} \\ Y_{P_i} \\ Z_{P_i} \end{pmatrix} + \begin{pmatrix} x_O \\ y_O \\ z_O \end{pmatrix} \tag{7.30}$$

式中，$x_{P_i}$、$y_{P_i}$、$z_{P_i}$及$x_{BP_i}$、$y_{BP_i}$、$z_{BP_i}$分别为初始刀轴上端点$\boldsymbol{P}_i$（$i=1, n$）在局部坐标系和基坐标系中的坐标；$I_x$、$I_y$、$I_z$、$J_x$、$J_y$、$J_z$、$K_x$、$K_y$、$K_z$分别为坐标轴$X$、$Y$、$Z$在基坐标系中的方向余弦；$x_O$、$y_O$、$z_O$为$\boldsymbol{O}$点在基坐标系中的坐标；$\lambda$、$\theta$、$\phi$以及$x_t$、$y_t$、$z_t$分别为三个回转量和三个平移量；$X_{P_i}$、$Y_{P_i}$、$Z_{P_i}$以及$X_{BP_i}$、$Y_{BP_i}$、$Z_{BP_i}$分别表示运动变换后$\boldsymbol{P}_i$（$i=1, n$）在局部坐标系和基坐标系中的坐标。

则刀具轴线在基坐标系中可以描述如下：

$$\boldsymbol{r}_{\text{axis}} = (1-s)\boldsymbol{P}_1 + s\boldsymbol{P}_n \tag{7.31}$$

式中，$s$为直母线方向的参数，$s\in[0,1]$。

**2. 目标函数的数值计算**

针对调整后的刀轴，从其上诸点$\boldsymbol{P}_1$、…、$\boldsymbol{P}_i$、…、$\boldsymbol{P}_n$向设计曲面做垂线，可得到一些垂足点$\boldsymbol{Q}_1$、…、$\boldsymbol{Q}_i$、…、$\boldsymbol{Q}_n$，令此时的刀轴单位矢量为$\boldsymbol{k}_T = \dfrac{\boldsymbol{P}_n - \boldsymbol{P}_1}{|\boldsymbol{P}_n - \boldsymbol{P}_1|}$，$\boldsymbol{Q}_1\boldsymbol{P}_1$的单位矢量记为$\boldsymbol{n}_1$，$\boldsymbol{J}_T = \dfrac{\boldsymbol{n}_1 \times \boldsymbol{k}_T}{|\boldsymbol{n}_1 \times \boldsymbol{k}_T|}$，则有$\boldsymbol{i}_T = \boldsymbol{j}_T \times \boldsymbol{k}_T$，利用此标架$\{\boldsymbol{P}_1,\ \boldsymbol{i}_T\boldsymbol{j}_T\boldsymbol{k}_T\}$，可得到刀具圆锥面在基坐标系中的方程，即

$$\boldsymbol{R}_T = \boldsymbol{P}_1 - r_c\tan\delta\boldsymbol{k}_T + (r_c + t\sin\delta)(\cos\alpha\boldsymbol{i}_T + \sin\alpha\boldsymbol{j}_T) + t\cos\delta\boldsymbol{k}_T \tag{7.32}$$

式中，$r_c$为圆锥刀的小端半径；$\delta$为锥顶半角；$t$为直母线方向的参数；$\alpha$为转角参数。

通过圆锥面与各标杆射线$\boldsymbol{Q}_i\boldsymbol{P}_i$（$i=1, n$）的求交计算，便可得到各特征标杆长度$l_i$，于是可获得该刀位下的目标函数值。

显然，针对每一组位姿参数，都有一个明确的目标函数值与之对应，设自变量用$\boldsymbol{X}=(\lambda,\ \theta,\ \phi,\ x_t,\ y_t,\ z_t)$表示，则式（7.27）中的目标函数可以表示为

$$f = f(\boldsymbol{X}) = f(\lambda, \theta, \phi, x_{\mathrm{t}}, y_{\mathrm{t}}, z_{\mathrm{t}}) \tag{7.33}$$

### 7.2.3 单刀位最优位姿参数的求解

#### 1. 面心组合设计方法

中心组合设计的类型有外切中心组合设计（CCC）、内切中心组合设计（CCI）、面心组合设计（CCF），其中面心组合设计（CCF）的交互作用项估计精度最高，并且还能确保一次项和平方项足够的系数估计精度，因此，CCF 是一种简单的、精度较高的组合设计[13]。此处的实验设计采用的就是面心组合设计方法。

设自变量 $\boldsymbol{X} = (\lambda,\ \theta,\ \phi,\ x_{\mathrm{t}},\ y_{\mathrm{t}},\ z_{\mathrm{t}})$ 取值下界点与上界点分别为 $\boldsymbol{X}_{\min}$、$\boldsymbol{X}_{\max}$，即各分量的初始取值范围分别为 $\lambda_{\min} \sim \lambda_{\max}$、$\theta_{\min} \sim \theta_{\max}$、$\phi_{\min} \sim \phi_{\max}$、$x_{t\min} \sim x_{t\max}$、$y_{t\min} \sim y_{t\max}$、$z_{t\min} \sim z_{t\max}$，可知刀轴的位姿参数构成了 6 维位姿空间，为一超多面体，无法直观图示，可以 3 维空间为例说明面心组合设计的采样点分布，如图 7.12 所示，采样点包括 6 面体的顶点、6 面的面心点以及 6 面体的体心点。6 维参数空间同样如此，采样点包括超多面体的顶点共 $2^6$ 个，面（5 维超平面）心点共 6×2 个，体心点 1 个，共 77 个点，记为 $\boldsymbol{X}_i$。

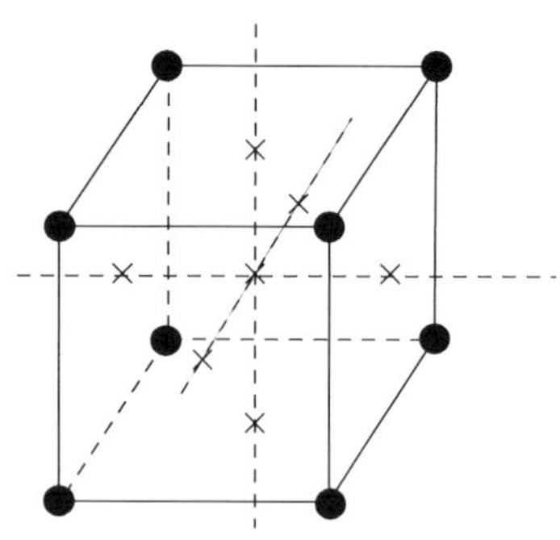

图 7.12　面心组合设计示意图

#### 2. 位姿空间的逐次压缩策略

为尽快寻找到全局最小值点，采用在位姿空间逐次压缩的方法。步骤如下：

（1）初始化，设定自变量 $\boldsymbol{X}$ 的初始取值上下界 $\boldsymbol{X}_{\max}^{(0)}$、$\boldsymbol{X}_{\min}^{(0)}$，定义最大世代数 $g_{\max}$，令计算世代数 $g = 0$；

（2）基于面心组合设计方法生成采样点 $\boldsymbol{X}_i^{(g)}$，并计算目标函数 $f_i^{(g)} = f(\boldsymbol{X}_i^{(g)})$（$i = 1,\ \cdots,\ 77$）；

（3）求取最小值 $\hat{f}^{(g)} = \min\limits_i f(\boldsymbol{X}_i^{(g)})$，对应的自变量记为 $\hat{\boldsymbol{X}}^{(g)}$；

（4）以点 $\hat{\boldsymbol{X}}^{(g)}$ 为中心，以 $\hat{\boldsymbol{X}}^{(g)} \pm k(\boldsymbol{X}_{\max}^{(g)} - \boldsymbol{X}_{\min}^{(g)})$ 作为 $g+1$ 代的自变量的取值上下界，并生成新的超多面体，其中 $k$ 为压缩系数，$0<k<1$；

（5）判断，若 $g = g_{\max} - 1$，则输出 $\boldsymbol{X}_i^{(g)}$ 及 $f_i^{(g)} = f(\boldsymbol{X}_i^{(g)})$，记为 $\boldsymbol{X}_i^*$ 及 $f_i^* = f(\boldsymbol{X}_i^*)$（$i=1,\cdots,77$），计算结束，若 $g < g_{\max} - 1$，则令 $g = g+1$，转步骤（2）。

**3. 基于响应面法的单刀位优化**

二次多项式响应面模型为[21]

$$y(\boldsymbol{X}) = \beta_0 + \sum_{i=1}^{d}\beta_i x_i + \sum_{i=1}^{d}\beta_{ii}x_i^2 + \sum_{i=1}^{d-1}\sum_{j>i}^{d}\beta_{ij}x_i x_j \tag{7.34}$$

式中，$y(\boldsymbol{X})$ 为响应面拟合函数，$\boldsymbol{X} = (x_1, x_2, \cdots, x_d)$；$x_i$（$i=1, 2, \cdots, d$）为独立设计变量，$d$ 为变量个数；$\beta_0$、$\beta_i$、$\beta_{ii}$、$\beta_{ij}$ 为待定回归系数，个数为 $(d+1)(d+2)/2$。针对本章刀轴位姿问题，$d=6$，自变量 $x_1$、$x_2$、$x_3$、$x_4$、$x_5$、$x_6$ 分别对应 $\lambda$、$\theta$、$\phi$、$x_{\mathrm{t}}$、$y_{\mathrm{t}}$、$z_{\mathrm{t}}$，回归系数个数为 28。

将已知的 $\boldsymbol{X}_i^*$ 及 $f_i^* = f(\boldsymbol{X}_i^*)$（$i=1, \cdots, 77$）依次带入式（7.34）则可获得如下方程组：

$$f_i^* = \beta_0 + \sum_{i=1}^{d}\beta_i x_i^* + \sum_{i=1}^{d}\beta_{ii}x_i^{*2} + \sum_{i=1}^{d-1}\sum_{j>i}^{d}\beta_{ij}x_i^* x_j^* \quad (i=1, 2, \cdots, 77) \tag{7.35}$$

该方程组为 28 个未知数、77 个方程的超定方程组，实际上属于最小二乘问题，可利用豪斯荷尔德变换法[9]求解。将求解得到的各个系数 $\beta_0$、$\beta_i$、$\beta_{ii}$、$\beta_{ij}$ 代入式（7.34）则可以获得刀具位姿参数与目标函数的显式关系，再令式（7.34）对 6 个自变量求偏导数并令其等于零可得到如下方程组：

$$\beta_i + 2\beta_{ii}x_i + \sum_{l=1}^{i-1}\beta_{li}x_l + \sum_{m=i+1}^{6}\beta_{im}x_m = 0 \quad (i=1, 2, \cdots, 6) \tag{7.36}$$

该方程为普通的线性方程组，可用高斯消去法[9]求解，计算得到的解即为单刀位下的最优位姿调整参数。

响应面模型的评价指标反映响应面函数对实验数据的拟和程度，常用的是复相关系数 $R^2$，表达式为[10]

$$R^2 = \frac{\sum_{i=1}^{n}(\hat{y}_i - \bar{y})^2}{\sum_{i=1}^{n}(y_i - \bar{y})^2} \tag{7.37}$$

式中，$n$ 为样本数；$y_i$ 为响应量的实际值；$\bar{y}$ 为实际值 $y_i$ 的平均值；$\hat{y}_i$ 为响应面模型在实验点的预测值。$R^2$ 越接近于 1，回归方程精度越高。

响应面模型构造好之后，还需要考察其预测能力和逼近程度，以保证所生成响应面模型的有效性和准确度[18]，避免因“龙格效应”造成的在实验样本点处精度较高而在非实验样本点处精度很低的过拟合现象[22]。可将式（7.36）获得的最优位姿参数作为测试样本点，检查其相对误差。

### 7.2.4 计算实例

已知刀具参数如下：圆锥刀小端半径 $r_c = 5\,\text{mm}$、锥顶半角 $\delta = 5°$，以叶片曲面的第 5 曲面片为加工对象。计算时 $u$ 分别选取 0、0.2、0.4、0.6、0.8、1.0 共 6 个位置，每刀位刀轴上均匀选取 11 个点。初始刀位采用两点偏置法形成，再利用 B 样条插值方法生成初始刀轴轨迹面，在此基础上可以方便地计算曲面片全域的包络误差[23]。

表 7.7 为初始刀具轴迹面边界 B 样条曲线的控制顶点，初始轴迹面下的曲面包络误差的大小与分布情况见图 7.7，极差值达到 0.1mm 的数量级。

**表 7.7　初始轴迹面边界 B 样条曲线控制顶点**　　单位：mm

| 叶片根部对应轴迹面准线 | | | 叶片顶部对应轴迹面准线 | | |
|---|---|---|---|---|---|
| $X_w$ | $Y_w$ | $Z_w$ | $X_w$ | $Y_w$ | $Z_w$ |
| −62.984 | 67.826 | 44.139 | −89.912 | 120.788 | 92.644 |
| −62.917 | 68.094 | 43.955 | −89.762 | 120.957 | 92.494 |
| −62.784 | 68.629 | 43.589 | −89.464 | 121.295 | 92.194 |
| −62.584 | 69.429 | 43.041 | −89.018 | 121.800 | 91.744 |
| −62.382 | 70.227 | 42.496 | −88.572 | 122.304 | 91.296 |
| −62.180 | 71.022 | 41.953 | −88.127 | 122.806 | 90.847 |
| −62.044 | 71.551 | 41.592 | −87.831 | 123.139 | 90.549 |
| −61.976 | 71.815 | 41.412 | −87.683 | 123.306 | 90.400 |

设调整参数 $\lambda$、$\theta$、$\phi$、$x_{st}$、$y_{st}$、$z_{st}$ 的取值范围分别为[−3°, 3°]、[−3°, 3°]、[−3°, 3°]、[−1, 1]、[−1, 1]、[−0.01, 0.01]。最大计算世代数 $g_{max}$ 取 25，局部固定坐标系 $\{\boldsymbol{O}, XYZ\}$ 的坐标原点 $\boldsymbol{O}$ 位于刀具初始轴线的中心。

以 $u = 0$ 为例。图 7.13 为自变量域逐代压缩每代目标函数最优值的变化情况，从图中可以发现收敛过程非常明显，经过 25 代自变量域的压缩寻优，可使目标函数的最优值降至 $3.013\times10^{-3}$。进一步计算获得的响应面方程的 28 个系数如表 7.8 所示。在位姿空间任意选取实验点计算复相关系数 $R^2$，进行多次

测试，结果表明 $R^2$ 与 1 非常接近（差值均在 $1.0\times10^{-5}$ 以下），表明回归方程精度足够。$u$ 取其他参数时与此类似，不再列出。

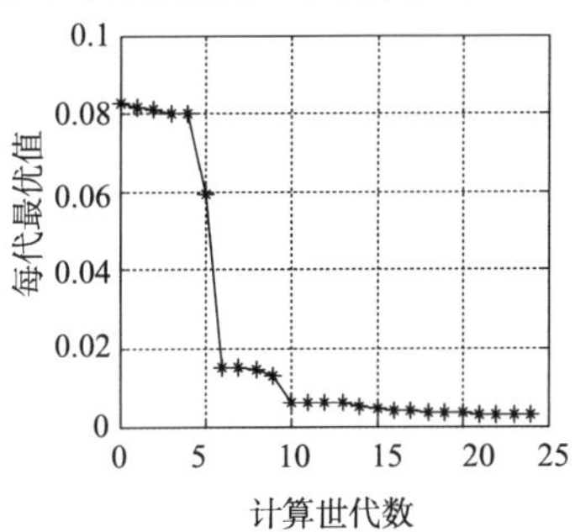


图 7.13　自变量域逐代压缩的最优目标函数

**表 7.8　$u$=0 位置响应面模型的系数**

| 系数名称 | 计算结果 | 系数名称 | 计算结果 |
|---|---|---|---|
| $\beta_0$ | 0.095 | $\beta_{13}$ | 47.183 |
| $\beta_1$ | −2.393 | $\beta_{14}$ | 52.441 |
| $\beta_2$ | −19.223 | $\beta_{15}$ | −21.382 |
| $\beta_3$ | −0.305 | $\beta_{16}$ | −5.250 |
| $\beta_4$ | 1.606 | $\beta_{23}$ | 203.992 |
| $\beta_5$ | −0.163 | $\beta_{24}$ | −21.467 |
| $\beta_6$ | −0.145 | $\beta_{25}$ | −52.441 |
| $\beta_{11}$ | 485.290 | $\beta_{26}$ | −0.210 |
| $\beta_{22}$ | 6629.383 | $\beta_{34}$ | −0.309 |
| $\beta_{33}$ | 1.566 | $\beta_{35}$ | −0.808 |
| $\beta_{44}$ | 10.549 | $\beta_{36}$ | −0.005 |
| $\beta_{55}$ | 0.363 | $\beta_{45}$ | −3.216 |
| $\beta_{66}$ | 0.087 | $\beta_{46}$ | −1.926 |
| $\beta_{12}$ | 3023.091 | $\beta_{56}$ | 0.303 |

经过 $g_{\max}$ 代后，$u$ 取各参数对应的最优平移和回转参数，如表 7.9 所示。

**表 7.9　位姿空间多代压缩后的最优平移与回转参数**

| 最优参数 | 直纹面准线参数 $u$ 的取值 | | | | | |
|---|---|---|---|---|---|---|
| | 0 | 0.2 | 0.4 | 0.6 | 0.8 | 1.0 |
| $\lambda^*$ / ° | 0.875 | 1.188 | 1.182 | 1.171 | 1.181 | 1.163 |
| $\theta^*$ / ° | −0.020 | 0.075 | 0.077 | 0.018 | 0.018 | 0.018 |
| $\phi^*$ / ° | 3.943 | −2.656 | −2.652 | −2.530 | −2.517 | −2.552 |
| $x_{st}^*$ /mm | −0.009 | −0.003 | 0.000 | −0.036 | −0.036 | −0.036 |
| $y_{st}^*$ /mm | 0.683 | 0.816 | 0.819 | 0.586 | 0.588 | 0.576 |
| $z_{st}^*$ /mm | 0.010 | 0.010 | 0.011 | 0.010 | 0.010 | 0.010 |

通过响应面方程，得到的各位置（$u$不同取值）的最优位姿调整参数见表 7.10。最优参数下响应面方法得到的目标函数预测值与实际结果真值的比较见表 7.11。

**表 7.10　最优平移与回转参数**

| 最优参数 | 直纹面准线参数 $u$ 的取值 | | | | | |
|---|---|---|---|---|---|---|
| | 0 | 0.2 | 0.4 | 0.6 | 0.8 | 1.0 |
| $\lambda^*$ / ° | 1.032 | 1.188 | 1.179 | 1.171 | 1.149 | 1.149 |
| $\theta^*$ / ° | −0.225 | 0.065 | 0.056 | 0.041 | 0.036 | 0.036 |
| $\phi^*$ / ° | 3.982 | −2.851 | −2.873 | −2.591 | −3.610 | −3.428 |
| $x_{st}^*$ /mm | −0.125 | −0.009 | −0.016 | −0.022 | −0.039 | −0.036 |
| $y_{st}^*$ /mm | −0.000 | 0.765 | 0.717 | 0.673 | 0.555 | 0.568 |
| $z_{st}^*$ /mm | −0.011 | 0.020 | 0.012 | 0.017 | 0.008 | 0.009 |

**表 7.11　最优参数下响应面方法计算结果与实际结果**

| 计算结果 | 直纹面准线参数 $u$ 的取值 | | | | | |
|---|---|---|---|---|---|---|
| | 0 | 0.2 | 0.4 | 0.6 | 0.8 | 1.0 |
| 响应面 | $1.372\times10^{-3}$ | $1.353\times10^{-3}$ | $1.332\times10^{-3}$ | $1.310\times10^{-3}$ | $1.285\times10^{-3}$ | $1.258\times10^{-3}$ |
| 实际 | $1.364\times10^{-3}$ | $1.354\times10^{-3}$ | $1.333\times10^{-3}$ | $1.310\times10^{-3}$ | $1.286\times10^{-3}$ | $1.259\times10^{-3}$ |
| 相对误差绝对值/% | 0.514 | 0.008 | 0.009 | 0.008 | 0.070 | 0.025 |

可见，与实际计算的结果相比，响应面方法得到的结果非常精确，其中位于$u=0$处的相对误差绝对值最大，但也仅有 0.514%，表明本响应面回归模型的预测精度足够。

在优化调整了各个刀位后，将这些优化后的刀轴位姿采用 B 样条插值方法生成优化后的刀轴轨迹面，其边界曲线的控制顶点见表 7.12。

**表 7.12　优化后轴迹面边界 B 样条曲线控制顶点**　　单位：mm

| 叶片根部对应轴迹面准线 | | | 叶片顶部对应轴迹面准线 | | |
|---|---|---|---|---|---|
| $X_B$ | $Y_B$ | $Z_B$ | $X_B$ | $Y_B$ | $Z_B$ |
| −62.820 | 68.351 | 43.649 | −91.621 | 123.128 | 95.500 |
| −62.667 | 68.897 | 43.234 | −91.314 | 123.514 | 95.215 |
| −62.362 | 69.988 | 42.405 | −90.701 | 124.284 | 94.644 |
| −62.246 | 70.497 | 42.093 | −90.395 | 124.541 | 94.331 |
| −62.031 | 71.364 | 41.515 | −89.906 | 125.088 | 93.867 |
| −61.881 | 71.978 | 41.115 | −89.542 | 125.428 | 93.503 |
| −61.735 | 72.539 | 40.734 | −89.219 | 125.779 | 93.192 |
| −61.662 | 72.820 | 40.543 | −89.058 | 125.954 | 93.036 |

刀轴优化后曲面的包络误差分布情况见图 7.14，其中最大过切量为 −0.0173mm，最大欠切量为 0.0165mm，极差为 0.0338mm。而在采用响应面方法前，若只利用表 7.9 的位姿参数计算刀具包络误差，极差值为 0.053mm，表明采用响应面方法对优化效果的提升是非常显著的。

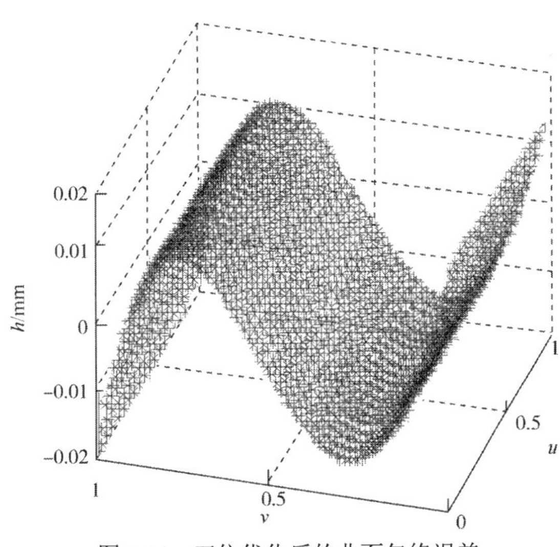

图 7.14　刀位优化后的曲面包络误差

## 7.3　本章小结

本章介绍了用于刀位规划的代理模型方法，总体分为两大部分。

第一部分是从回转面刀具的共性出发，结合三维李群变换，利用径向基函数的代理模型方法进行刀位优化，具体包括以下内容。

（1）利用回转面的几何性质和包络原理，根据包络面上特征线各点应满足的充要条件，给出长度偏差和角度偏差两个度量指标的定义，提出单个刀位的最优性判定条件，即刀具位姿应满足长度偏差的平方和与角度偏差的平方和为最小，从而将刀具包络面与设计曲面的最佳逼近问题转化为每个刀位下满足最优性条件的多目标规划问题。

（2）借助于 6 个正交的拉丁方矩阵生成多组位姿参数，作为实验设计的处理组合，计算获得对应的多组目标函数的实验指标值。采用径向基函数的代理模型方法，给出自变量域逐次细分的代理模型更新策略，更新插值样本，建立目标函数与位姿参数之间明确的函数关系，可方便地通过利用偏导方程求极值的方法获得最优位姿参数。利用代理模型可避免复杂的解析推导过程，同时经计算测试，代理模型结果与实际结果偏差很小。

（3）通过实例仿真可知刀轴优化后的包络误差显著降低，表明该方法的有效性。

第二部分以具体的圆锥刀具为研究对象，阐述了另一种代理模型方法——响应面法在刀位规划中的应用，具体包括以下内容。

（1）以工件直纹面上发出的标杆射线为纽带，将刀具包络面表示成工件直纹面的相伴曲面，证明了标杆最小值条件与包络条件的等价性，给出了特征标杆的概念，进而提出单个刀位的最优性判定条件，即最优刀位的位姿参数应使刀具截得的各特征标杆长度的平方和为最小。

（2）利用面心组合的实验设计方法和逐代压缩策略，以及响应面模型，得到优化目标函数与位姿参数的显式函数关系，可方便地求解得到最优的刀具位姿参数。

（3）实例计算结果表明，针对刀位规划问题，建立的响应面模型拟合精度高，预测结果准确，并可使刀具包络误差显著降低，证明本章提出的刀位最优性判定条件以及基于响应面的建模与优化求解方法的合理性与有效性。

## 参考文献

[1] 陈国栋. 基于代理模型的多目标优化方法及其在车身设计中的应用. 长沙：湖南大学博士学位论文，2012.

[2] 李坚. 代理模型近似技术研究及其在结构可靠度分析中的应用. 上海：上海交通大学博士学位论文，2013.

[3] 徐毅，李泽湘.自由曲面的匹配检测新方法. 哈尔滨工业大学学报，2010，42（1）：106-108，114.

[4] 郭东明，孙玉文，贾振元. 高性能精密制造方法及其研究进展. 机械工程学报，2014，50（11）：119-134.

[5] 卢开澄，卢华明.组合数学. 北京：清华大学出版社，2002.

[6] 姜自武. 样条函数与径向基函数的若干研究. 大连：大连理工大学博士学位论文，2010.

[7] 王琦，丁运亮，陈昊.基于多级代理模型的优化算法. 南京航空航天大学学报，2008，40（4）：501-506.

[8] 刘健，阎长罡，曹利新. 共轭曲面的数字仿真原理. 大连理工大学学报，1999，39（2）：259-267.

[9] 徐士良.C 常用算法程序集. 北京：清华大学出版社，1996.

[10] 周林仁，欧进萍. 大跨桥梁参数识别响应面方法中的近似函数及样本选取. 计算力学学报，2012，29（3）：306-314.

[11] 薛立鹏. 倾转旋翼机气动/动力学多学科设计优化研究. 南京：南京航空航天大学博士学位论文，2011.

[12] 郭勤涛，张令弥，费庆国. 用于确定性计算仿真的响应面法及其试验设计研究. 航空学报，2006，27（1）：55-61.

[13] 张烘州，明伟伟，安庆龙，等. 响应曲面法在表面粗糙度预测模型及参数优化中的应用. 上海交通大学学报，2010，44（4）：447-451.

[14] 粟华，谷良贤，龚春林. 求解黑箱优化问题的动态模式跟踪抽样算法. 计算机集成制造系统，2013，19（7）：1553-1558.

[15] 姜琬，金海波，孙卫平. 基于多级响应面法的翼梢小翼气动优化设计. 航空学报，2010，31（9）：1746-1751.

[16] 彭茂林，杨自春，曹跃云，等. 基于响应面法的可靠性稳健设计优化. 航空动力学报，2013，28（8）：1784-1790.

[17] 姜衡，管贻生，邱志成，等. 基于响应面法的立式加工中心动静态多目标优化. 机械工程学报，2011，47（11）：125-133.

[18] 李峰，叶正寅，高超.基于响应面法的新型排翼式飞艇的气动优化设计. 力学学报，2011，43（6）：1068-1075.

[19] 王永青，刘海波，贾振元，等. 基于活动标架理论的加工目标曲面再设计及刀位计算. 机械工程学报，2012，48（19）：141-147.

[20] 吴大任，骆家舜. 齿轮啮合理论. 北京：科学出版社，1985.

[21] 安治国. 径向基函数模型在板料成形工艺多目标优化设计中的应用. 重庆：重庆大学博士学位论文，2009.

[22] 孙光永，李光耀，郑刚，等. 拉延成形多目标序列响应面法优化设计方法. 力学学报，2010，42（2）：245-254.

[23] 阎长罡，施晓春，邓晓云. 圆锥刀侧铣整体叶轮叶片曲面的刀轴轨迹规划. 计算机集成制造系统，2014，20（5）：1114-1120.

# 第 8 章 结论与展望

## 8.1 结论

本书研究了回转面刀具数控侧铣加工非可展直纹面的几何学理论与方法。针对五坐标数控侧铣加工中核心的刀位规划问题，利用回转面刀具的几何性质，从刀具包络面向设计曲面逼近的角度出发，进行了较为系统深入的研究，取得的主要成果如下。

（1）介绍了微分几何学与曲面包络的基本理论与方法，尤其是共轭曲面的数字仿真原理，成为后续研究的有利工具；介绍了三次均匀 B 样条曲线的表达式、四重节点的三次准均匀 B 样条曲线的方程与主要几何性质，介绍了求解插值 B 样条曲线控制顶点的基本方程组、端点条件。给出具体叶轮叶片的原始数据，针对原始数据，详细阐述了叶片直纹面的构造过程，该叶片曲面构成了后续研究的主要实例载体。

（2）针对圆柱刀的刀位规划问题，根据等距变换下误差不变的性质，将刀具包络面与设计曲面的逼近问题转化为刀轴面与设计曲面等距面的逼近问题，并给出包括初始刀位的生成、刀位的初步优化及基于最小二乘法的再次优化的整个刀位优化过程；对于圆锥刀，提出了两点偏置并且一端点进行调整的刀位优化方法，进一步提出刀具圆锥面与叶片曲面“强制”线接触的思路，建立以刀轴位置为变量的刀具面上多点与叶片曲面相切的超定方程组，并用最小二乘法求解，可获得优化的刀轴轨迹面。讨论了以柱面逼近工件直纹面从而实现非可展直纹面可展化以便于刀位生成的方法。

（3）针对圆锥刀侧铣加工问题，将刀具轴线上诸点在设计曲面上的法向投影点的集合定义为法向映射曲线，并给出一种刀具包络面尚未形成时理想特征点的计算方法，该方法可绕开复杂的包络面计算而直接获得，进而提出一种单刀位最优性判定条件，即每瞬时法向映射曲线与特征线实现最小二乘逼近。在用两点偏置法生成初始刀位的基础上，利用刚体运动学方法将刀轴位姿用 3 个回转与 3 个平移运动参数描述，建立起单刀位优化条件与 6 个运动参数的非显性的函数关系，并提出采用拉丁超立方的实验设计方法求解优化模型的策略。实例计算可知，在优选相关参数的条件下，可以达到很好的优化效果，刀轴优化后的包络误差显著降低，并且计算过程中随机数的引入并不影响计算结果的总体稳定性。

（4）提出一种单刀位的最优性判定条件：每个刀位应满足刀轴上各点到工件直纹面的距离与其当量半径之差的平方和为最小。针对该优化问题，引入三种智能优化算法：粒子群优化方法、遗传算法、蚁群算法。描述了各方法的操作要点和实现过程。算例表明，三种方法均能够满足可靠地、高精度地进行刀位优化计算的要求。三种方法中，粒子群优化方法对参数的设定与组合不敏感，只需满足一定的种群数量和随机性即可；遗传算法性能稳定，但需要较多的种群数，计算的时间也稍长；蚁群贪心算法对相关参数的设置及组合有一定的要求，在相关参数选择合理的情况下，具有寻优能力强，计算效率高的优点。

（5）利用回转面的几何性质和包络原理，根据包络面上特征线各点应满足的充要条件，给出长度偏差和角度偏差两个度量指标的定义，提出另一种单个刀位的最优性判定条件，即刀具位姿应满足长度偏差的平方和与角度偏差的平方和为最小，将刀具包络面与设计曲面的最佳逼近问题转化为每个刀位下满足最优性条件的多目标规划问题。借助于 6 个正交的拉丁方矩阵生成多组位姿参数，作为实验设计的处理组合，计算获得对应的多组目标函数的实验指标值。采用径向基函数的代理模型方法，给出自变量域逐次细分的代理模型更新策略，更新插值样本，建立目标函数与位姿参数之间明确的函数关系，可方便地通过利用偏导方程求极值的方法获得最优位姿参数。利用代理模型可避免复杂的解析推导过程，同时经计算测试，代理模型结果与实际结果偏差很小。

（6）利用共轭曲面的数字仿真原理，以工件直纹面上发出的标杆射线为纽带，将刀具包络面表示成工件直纹面的相伴曲面，证明了标杆最小值条件与包络条件的等价性，给出了特征标杆的概念，进而提出不同于以往的单个刀位的最优性判定条件，即最优刀位的位姿参数应使刀具截得的各特征标杆长度的平方和为最小。利用面心组合的实验设计方法和逐代压缩策略，利用响应面模型，得到优化目标函数与位姿参数的显式函数关系，可方便地求解得到最优的刀具位姿参数。实例计算结果表明，针对刀位规划问题，建立的响应面模型拟合精度高，预测结果准确，并可使刀具包络误差显著降低，证明了本书提出的刀位最优性判定条件及基于响应面的建模与优化求解方法的合理性与有效性。

## 8.2 展望

（1）本书中的研究成果主要是依据理论计算与仿真方法来检验的，尚未得到完善的加工实验验证。目前，为验证可行性而先期加工的“缩小版”（尺寸按比例减小，叶片数目也减少）叶轮已经加工完毕，后续加工实验正在进行中。由于加工过程中存在着各种误差因素，如叶片曲面的变形、刀具的跳动、机床的振动、装夹的误差等，理论上计算的几何误差很容易被“湮没”，因此，如何检测与分离叶片曲面的误差，以验证理论计算的准确性，还需要进一步的工作。

（2）目前的研究工作处在几何学的阶段，今后在刀位规划时应充分考虑机床的工作性能，使得刀位规划的结果不仅使刀具曲面和被加工曲面之间满足一定的几何关系，而且同时满足机床的运动学和动力学特性，以便实现五轴机床的高速、高效运行。

（3）针对一般的自由曲面，如何利用本书中的研究成果，结合自由曲面的实际，开发多约束条件和（或）多目标条件下的高效高精度的刀位规划方法，还需要继续深入的研究。